# 丙級美容師學科證照考試指南

周 玫著

# 作者的話

自中華民國八十年度起，「勞委會職業訓練局」開辦全省「美容丙級技術士證照檢定」至今已邁入第七個年頭，其主旨：即是要求所有從事美容相關行業者的美容從業人員(美容師)在接觸顧客皮膚前都必須擁有最基本的「丙級證照」。

美容從業人員擁有丙級證照的好處：

☆保護自身的立場，避免與顧客產生不必要之糾紛。
☆從事美容行業的基本條件。
☆塑立個人的專業形象。
☆開業的必要條件。

本書是專為參與美容丙級學科考試所設計的書籍，內容包含：理論方面；是非、選擇測試題。

理論方面——包含皮膚學、化妝工具及運用、重點化妝的技巧、物理消毒、化學消毒、化妝品辨識、傳染病及急救等。

測試題1000題——內容包含：是非500題與選擇500題，並附有正確答案及說明。

內容所描述的皮膚保健程序、化妝基本運用法、消毒法的認識與運用、傳染病的預防與急救的正確方法，對於有心學習美容此行業者，是一大福音，祇要妳能詳讀《丙級美容師學科證照考試指南》的內容；相信此書對於將來要參加美容

丙級學科檢定考試者的幫助是絕不容忽視的，甚至將來要參加美容乙級檢定考試時，此書所描述的內容更是每位美容從業人員本身應具備有的<基本知識>。

周玫　謹識

# 目錄

# 皮膚學

## 皮膚的認識

　　皮膚是人體最大器官，位於身體的表面直接接觸來自外界(紫外線，乾燥，塵埃)，加上它主要是人體的防護，並具體溫調節與感覺等重要生理功能，因此為人體最重要的器官之一。

　　一般成人全身的皮膚表面積約為1.5～2.0平方公尺，但肥胖者則超過此數字，皮膚是肉眼能見，並可反應出健康和精神的重要器官。

　　皮膚因不同年齡階段，而有多種變化，例如，幼兒時的皮膚細緻，進入青春期時，皮脂腺受荷爾蒙的刺激而更發達，並且易長(暗瘡)青春痘，此外月經、懷孕及服用避孕藥對女性皮膚亦有影響。其中包括：色素的增加(黑斑)，皮膚上微小血管的增生，暗瘡及懷孕時的少見疾病等。且在25歲後皮膚亦開始出現明顯的老化現象，但老化的速度會因個人體質及外在環境的刺激與皮膚的保護程度不同而有個別的差異！

　　例如，放大皮膚表面來看，有許多細微的凹陷和凸處；凹陷處稱：皮溝；凸處稱：皮丘。在皮溝交錯處有毛孔存在可長出毛，皮丘中央則有分泌汗孔存在。

　　皮膚的膚紋，會因皮丘的大小和皮溝的深淺有所不同，也會因性別、年齡而有所差異。愈年輕的人膚紋愈細，隨著年齡的增加會變的較粗或變得不清晰。一般來說男性較女性的膚紋粗。

## 皮膚的構造

　　皮膚由外至內可分為：表皮、真皮、皮下組織。

### 表皮

　　表皮是沒有血管，但有神經末梢，進一步來看是由角質層、透明層、顆粒層、有棘層、基底層所構成。

　　**角質層**：俗稱死皮，為扁平無核細胞組成，擔任防護和守衛的工作；角質層的水份含量在10%～20%最理想。角質層的厚度亦因身體的部位而異，例如，在臉部、眼部四周呈特別薄的狀態，一但受到刺激皮膚會因保護作用而變厚，因此常做粗重工作的人在手上會長出水泡或因紫外線也會令皮膚增厚。

　　**透明層**：為無核的透明細胞體排列，緊密而呈扁平狀，分佈在手掌及腳底最多。

　　**顆粒層**：此層是有核細胞構成，越向上去越接近扁平(顆粒層異常的症狀厚繭)，顆粒層接在角質層或透明層之下，其形狀為扁平形或梭形的。

　　**有棘層**：為表皮中最厚的一層，由數層～10層的有核細胞構成，細胞形狀呈多角形，而細胞與細胞之間有間隙，經常有淋巴液流通，以供給表皮營養。

　　**基底層**：位於表皮組織的最下方，內含基底細胞和黑色素細胞，黑色素細胞和基底層細胞的比率為1：10，它可以產生黑色素；一般稱之：麥拉寧色素。它能使皮膚產生顏色，可保護皮膚抵抗紫外線的照射，亦能和有棘層進行細胞分裂，以產生新細胞。這兩層又合稱：馬氏層，可謂表皮的母體，負責吸收來自真皮微量

養份，日以繼夜進行汰舊換新的工作，每日會有數萬個細胞產生，並且不斷向外進行擠壓移動。

※表皮細胞從生長到死亡大約需花28天左右的時間。

## 真皮

真皮位於表皮下面，其厚度大約0.3cm，而真皮由外而內又分：乳頭層、網狀層、皮脂腺、汗腺、毛細血管等附屬器官。

**乳頭層：**佈滿微血管、淋巴管，神經專供給基底細胞營養或掌理皮膚的感覺。

**網狀層：**為真皮最厚的一層，內含膠原纖維能保持皮膚的硬度與伸張度。以及彈力纖維能保持皮膚的彈性作用，但隨著年齡的增長，水份、油份的不足以及缺乏保養，令纖維的性能逐漸降低使皮膚失去彈性，就會造成小皺紋和鬆弛的現象。

皮膚的附屬器官：皮脂腺、汗腺、毛細血管（微血管）。

**皮脂腺：**是分泌器官並附屬在毛囊上且受到荷爾蒙支配，由於男性荷爾蒙是增進式的，而女性荷爾蒙是抑制式的。因此，男性肌膚比女性較易分泌油脂，一般面部T型區域及胸中央、背部和手肘內側的皮脂分泌量一天平均1～2公克，但是會因季節、環境、年齡而有變化。

分泌在皮膚表面的皮脂，會與汗混合而製造出皮脂膜，給與皮膚光澤並保護皮膚。皮脂膜負有防止角質層水份蒸發的重要性，其PH值為4.5～6.5屬於弱酸性，細菌是容易活動的，而PH值最好是在5.5。

**汗腺：**又分阿波克蓮汗腺和艾克蓮汗腺。阿波克蓮汗腺又稱大

汗腺是附屬在毛囊上的汗腺，一到青春期 此汗腺就很發達，祇限於腋下等部位。此種汗腺雖然原本無臭，但因少數含在其中的蛋白質會被皮膚表面的細菌分解而產生臭味，此氣味就是狐臭。艾克蓮汗腺又稱小汗腺，人自誕生開始艾克蓮汗腺即存於全身。並在皮膚表面呈開口狀態，分佈在手掌、腳底和身體上最多。而艾克蓮汗腺分泌出的汗99%是水份，此外則是尿素、乳酸鹽分等，幾乎無臭呈弱酸性，所分泌出的汗在皮膚表面與皮脂混在一起而製造出皮脂膜能給予皮膚潤澤及保護。然而一旦汗量過多時皮脂膜的形成受阻，甚至當汗中的水份蒸發後，將會留下鹽份和尿素，並減弱對細菌的抵抗力或促成面皰惡化的皮膚傷害。

**毛細血管(微血管)**：其分佈在整個真皮中，即使連皮脂腺、汗腺的四周也見得到，炎熱時皮膚的毛細血管膨脹，流經的血液量多，可使熱由身體表面散出；反之，變冷時毛細血管會收縮；流經的血液量少，需防止熱由身體表面散出。

## 皮下組織

主要是由脂肪構成與我們身材有關的器官，脂肪也具有不導熱的性質，能防止體溫散發還可發揮保護防寒的作用。一般來說；女性比男性耐寒，除了個人肥胖之外，年紀與季節的變化都可以改變皮下脂肪的量，為了保持皮膚的張力，適度的皮下脂肪是需要的。

## 皮膚的作用

## 保護作用

防止水份消失、內滲，皮脂腺所分泌的油脂會培養有益細菌，例如，白色葡萄球菌等，會產生抗生素而自然形成人體的保護罩，使得外來有害的微生物無法侵蝕人體。

## 感覺作用

具保護作用分痛、癢、觸壓、冷、熱等刺激，經由神經傳至大腦。

## 調溫作用

身體共有200～400萬個汗腺。不冷時，每小時排泄30cc～40cc之汗腺。

## 呼吸作用

皮膚一天吸入氧氣相當肺吸入氧氣的1/180，呼出的二氧化碳大約是肺部1/65-90。

## 吸收作用

1/100透過基底層吸收。

## 分泌作用

皮脂腺可分泌皮脂以保持皮膚表面的潤滑光澤。

# 色彩化妝及用具的認識

　　色彩化妝品亦是有顏色的化妝品，不僅能改變膚色掩飾缺點並能增加容貌，然而在使用時；須運用美容工具才能讓化妝品之色彩發揮的淋漓盡致。

　　然而，就化妝品及美容工具在使用前應先了解其種類及正確的使用基本法則。

## 色彩化妝品

　　色彩化妝品包括：粉底、蜜粉、粉餅、眉筆、眼影、眼線液、眼線筆、睫毛膏、腮紅、唇線筆、唇膏。

### 粉底

　　在色彩化妝品粉底部份可分為：粉霜、粉條、蓋斑膏。

　　**粉霜**：為一種液狀之粉底，一般來說，皆有數種顏色之分，可用來改變膚色。選用時最好選擇比自己膚色淺1號的粉底，此粉霜較適合清爽、自然妝使用。

　　**粉條**：為一種具油質之粉底，顏色有數十種之多，例如，淺膚色、自然膚色、深膚色、綠色、咖啡色、紫色、白色等，可依不同的場合及需要來選用，例如，臉型及鼻影的修飾。粉條除了可改變不良膚色外，較適合乾性皮膚及特定場合時使用。

**蓋斑膏**：屬於遮瑕性強的粉底，一般用於局部或需要遮瑕之處。

## 蜜粉

屬於乾粉；用於固定粉底，並可吸取皮膚多餘油質，讓其更加乾爽不至於油光滿面。

## 粉餅

又分為一般粉餅、兩用粉餅、滋潤美容餅、水粉餅。

**一般粉餅**：此粉餅之設計專為外出補妝用。

**兩用粉餅**：所謂兩用即代表可乾擦或沾水使用之粉餅，專為喜歡簡易化妝者所設計。

**滋潤美容餅**：介於粉底與粉餅之間能濕潤皮膚掩蓋效果佳。

**水粉餅**：適合油性皮膚及容易出汗的皮膚使用，選用此粉底，較不易脫妝，是易脫妝者的一大福音。

## 眉筆

分為自動式眉筆(可套換筆芯)、鉛筆型眉筆，顏色又分為黑色、灰色、淺咖啡、深咖啡等。可用來修正眉毛的形狀，選用時，可配合膚色、髮色、眼球的顏色來選擇。

## 眼影

可分粉狀、筆狀、液狀、霜狀等，眼影的顏色有數百種，可依自身的喜好與場合不同來選擇顏色與畫法，是最能表現出眼部的神采。

### 眼線液

其種類可分為瓶狀及沾水（俗稱眼線餅），又分防水及不防水；顏色分：黑色、咖啡色、藍色、紫色等數種，可依需要選用。

### 眼線筆

為筆狀形的，亦可用來描繪眼線用；顏色分黑色、灰色、藍色、紫色等多種，與眼線液用途相同皆可增加眼睛的神韻與魅力。

### 睫毛膏

強調睫毛，使睫毛看起來濃又長；表現出眼部的深邃感，顏色又分黑色、藍色、紫色、綠色、橘色等，可依個人喜愛與場合選擇。

### 腮紅

俗稱胭脂，又分為粉狀、霜狀、棒狀，可用來修改臉型輪廓及增加化妝嬌媚。

### 唇線筆

有深淺顏色數十種之分，除了可改變不對稱及不理想的唇型外，亦可勾劃出迷人的唇型；增加唇部立體感。

### 唇膏

為女性們最普遍的化妝品，有數百種顏色之分，可依化妝的場合不同、服裝流行以及自己的喜好自由選擇。

# 化妝品運用的基本美容工具

化妝品運用的基本美容工具如下：

☆ 化妝紙
☆ 化妝棉
☆ 海棉
☆ 蜜粉撲
☆ 眉夾
☆ 小剪刀
☆ 刀片
☆ 眉刷
☆ 眼影刷
☆ 腮紅刷
☆ 大粉刷
☆ 挖棒
☆ 唇筆
☆ 睫毛梳

有了這些輔助的化妝工具，相信在您為他人或個人化妝時，能達到相輔相成之功效。

# 眉毛

在化妝的過程中眉毛的描畫可說是較困難的一個部位，眉毛能改變臉型和顯出個性；在整個臉部佔有極重要的地位。由於天生眉毛的生長幾乎都未能理想，因此必須藉著適當的修飾來改變臉部給人的印象。

近幾年來許多婦女已經嘗試用紋眉來解決天天畫眉之苦，但是紋眉若是紋壞了，不是更得不償失？其實畫眉也是一種快樂與享受，由自己動手畫眉時，亦必須了解眉的特性與表現。以下為您介紹幾種不同的眉型以及適合的臉型：

## 標準眉型

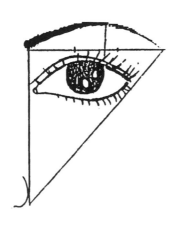

### 眉頭

眼頭直上方呈一垂直線。

### 眉尾

眼尾斜上去約45度，眉頭、眉尾的位置在同一水平線上。

### 眉峰

從眉頭開始，眉長2/3稍內側一點。

## 直線眉型

有年輕、可愛的感覺，能使眼睛顯得更大、使臉顯得寬，適合長型臉者。

## 上揚眉型

上揚眉又稱箭型眉，為一種眉尾比眉頭高的眉型，讓人有嚴肅及堅強之感，適合圓型及兩頰豐滿的人。

## 弓型眉型

由於眉峰處弧度較彎，因此能顯現出溫柔及理智的感覺，並能使眼皮深陷的人改變眼型，適合菱型臉及三角型

## 有角度眉

眉峰處略為挑高能充份顯現出理智、熱情能幹之個性，適合方型臉與圓型臉。

## 長型眉型

能夠顯現出柔合及穩重的個性，適合臉長者及顴骨高者。

## 曲線眉型

在眉尾往上翹，有俏麗、活潑的感覺，適合逆三角臉型。

# 眼部的美化

　　眼睛是靈魂之窗，不僅能夠傳達情感，表現喜、怒、哀、樂，亦是容貌上最動人的部位。倘若眼神暗淡無光、眼皮腫脹也無法引起別人的注意。相反，利用化妝技巧能掩飾缺點、強調優點能使您更加豔麗。而一般眼影擦法是從眼皮近睫毛處由濃而漸淡的擦法，但由於各種眼型的不同，眼影的畫法也略有改變。

## 標準型

　　以眼球為中心點，正中間為眼影最高點。

　　**眼線**：緊靠睫毛邊緣畫上即可。

## 眼皮薄、眼窩深陷

　　先以淺色或亮光的眼影塗於眼瞼上，使眼睛凸起，再以稍深的色調塗於眼尾處。

　　**眼線**：上、下眼線以細為主，在眼尾處略粗。

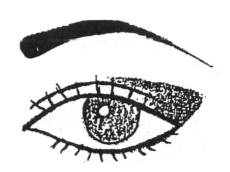

## 眼皮厚、眼球外突

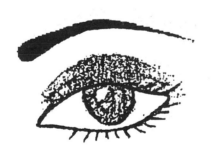

　　**眼影**：選擇較深的顏色抹在眼瞼處，眼球中央部份眼影加重使之凹陷，切勿用淺色眼影。

　　**眼線**：上眼線前、後粗，中間眼球部份細，下眼線以自然為主或只畫上眼尾部份，上、下眼線在眼尾相連。

## 兩眼距離較近

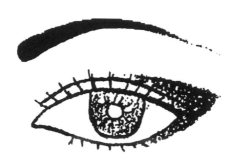

**眼影**：修飾重點在眼尾部份，眼頭近鼻處以淡色表現能拉寬雙眼之距離。

**眼線**：著筆點要比眼頭稍後些，約在2/3處，且描畫時前端要細，畫到眼尾時漸變粗，上、下眼線一樣加強在眼尾處。

## 兩眼距離較遠

**眼影**：強調近鼻子處的修飾，在眼部前端以深色的眼影來表現，能減少兩眼之間的距離。

**眼線**：上、下眼線描畫時應略為超過眼頭處，眼尾不必拉長。

## 眼尾下垂

　　**眼影**：眼頭部份稍淡，往眼尾處漸漸加深，並稍往上提高；使眼尾有往上翹的感覺。

　　**眼線**：上眼線前細、後粗拉成水平，下眼線前放低，漸漸再順著睫毛畫上。

## 眼尾向上翹

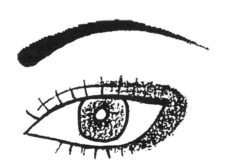

　　**眼影**：須強調上眼皮的外眼角部份，下眼尾刷上較寬些的眼影使眼睛產生柔和的感覺。

　　**眼線**：上眼線眼頭漸漸至眼尾拉成平行，下眼線至眼尾處降低描畫略粗。

# 腮紅

　　腮紅最原始的功效是表現健康的膚色,使得臉色更紅潤,漸漸隨著化妝技巧之演變,已是修飾臉型不可欠缺之要件。擦拭部位也不再像以前只塗在雙頰、顴骨處擦兩個小圈圈。現今;隨著臉型的不同腮紅修飾法也有所差異,例如:

## 標準腮紅位置　　　　圓型臉腮紅位置

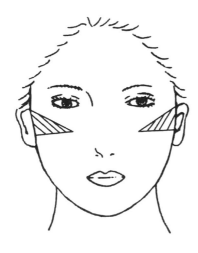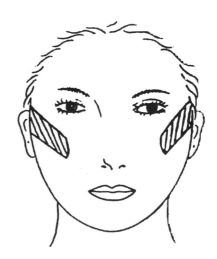

長型臉腮紅位置

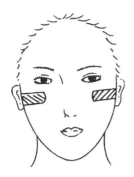

正三角型臉腮紅位置

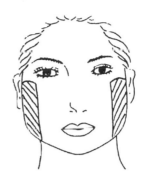

菱型臉腮紅位置

方型臉腮紅位置

逆三角型臉腮紅位置

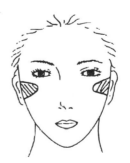

# 鼻型的修飾法

## 標準鼻

陰影由眉頭畫至鼻長2/3處,再以兩手輕輕的上下抹勻,使其自然消失。

## 短鼻

陰影由眉毛之處的眉間開始抹至鼻翼,拉長陰影至鼻孔附近,鼻樑中央則抹上淺色至鼻頭止。

## 長鼻

陰影祇要塗抹鼻部中間處
但在鼻尖部份需用深色修飾。

## 塌鼻

鼻樑兩側加上深色陰影，
兩側陰影之間需上淺色粉底，
使鼻樑看起來挺拔。

鼻翼部份加上陰影修飾,使鼻頭看起來纖細些。

**鷹勾鼻**

在鼻尖凸出的部份,用深色粉底修飾。

## 朝天鼻

陰影由眉間開始直至鼻頭，
鼻頭部份陰影須加深。

※在陰影交界處可用指頭抹勻，勿讓濃淡有顯著的界線才能
　顯出柔和自然的感覺。

# 唇部的美化

　　如何才能表現出唇部的亮麗與美感，以下有數點是必須注意的。

　　☆唇型不清者，可選用唇線筆勾出唇型再塗唇膏。
　　☆唇膏使用時，要注意深與淺，且界線不可太明顯。
　　☆唇紋深口紅容易暈開者，切記；勿擦太多亮光且需先直擦再橫擦，亦可用化妝紙輕輕按壓。

　　唇型的種類與修飾如下：

## 上下嘴唇不對稱修飾法

　　先觀察上唇或下唇那個部位偏高，過高部位可用深色粉底稍做修飾，倘若整個唇部輪廓不是很大，亦可將上唇或下唇偏低部份，做假唇型再直接填滿。

## 標準基本劃法

## 上唇薄劃法

## 唇小又薄劃法

## 上下嘴唇皆薄劃法

# 傳染病

### 所謂法定傳染病

是指發現：黃熱病、猩紅熱、白猴、流行性腦脊髓膜炎、霍亂、傷寒、副傷寒、桿菌性痢疾、鼠疫、斑疹傷寒、狂犬病、迴歸熱等傳染病時，需在24小時內通報衛生主管機關。

### 所謂國際傳染病

是指：霍亂、鼠疫、黃熱病。

### 屬於中華民國的報告傳染病

是指發現：瘧疾、日本腦炎、小兒麻痺、破傷風、百日咳、恙蟲病等傳染病時，需在48小時內報告衛生主管機關。

### 屬於台灣區傳染病

是指：除了報告傳染病6種以外，另外還有下列幾種：肺結核、結核性腦膜炎、愛滋病、病毒性肝炎、登革熱、痲疹、德國痲疹、德國痲疹症候群、腮腺炎、痲瘋、梅毒、淋病、風濕熱、肉毒桿菌中毒、人畜傳染病。

### 傳染病流行的基本條件

須具備有：病原體、傳染窩、病原體自傳染窩的釋出口、傳染途徑、病原體侵入新宿主等條件，才能構成流行。

## 傳染病病原體的來源

可分為：有病的人、帶菌者、動物。帶菌者又分為：健康帶菌者、潛伏期帶菌者、康復帶菌者、慢性病帶菌者。

## 傳染病傳染時間

可分為：急性傳染、慢性傳染。

## 傳染病器官

可分為：呼吸器官傳染病、胃腸方面傳染病、皮膚和黏膜的傳染病、泌尿和生殖系統的傳染病。

## 傳染病的傳染途徑

可分為：直接接觸傳染、間接接觸傳染。

## 如何預防傳染病感染

可從：得知屬於那種病原體、防止至傳染窩、切斷其傳染途徑、增加宿主的抵抗力等處預防。

## 病毒的種類

可分為：DNA病毒、RNA病毒。

## 病毒引起的傳染病種類

可分為：黃熱病、天花、日本腦炎、傳染性肝炎、痲疹、狂犬病、水痘、AIDS。

## 細菌引起的傳染病種類

可分為：霍亂、傷寒、白喉、百日咳、細菌性肺炎、猩紅熱、扁桃腺炎、丹毒、破傷風、痢疾、鼠疫、淋病、軟性下疳。

## 原蟲引起的傳染病種類

可分為：瘧疾、毒漿蟲病。

## 立克次體引起的傳染病種類

可分為：斑疹、傷寒、恙蟲病。

## 黴菌引起的傳染病種類

可分為：香港腳、癬。

## 慢性傳染病種類

可分為：肺結核、痲瘋病、鏈球菌、風濕熱、砂眼、寄生蟲病、性病。

## 常有的寄生蟲種類

可分為：蟯蟲、蛔蟲、鉤蟲、血絲蟲。

## 性病的種類

可分為：梅毒、淋病、軟性下疳、花柳性淋巴肉芽腫、腹股溝淋巴肉芽腫。

## 登革熱的傳染源的種類

可分為：埃及斑蚊、白線斑蚊。

## 人體免疫力的種類

可分為：自然免疫力、人工免疫力。

## 人工免疫力的種類

可分為：自動免疫力、被動免疫力。

## 自動免疫力包括種類

可分為：活菌疫苗、死菌疫苗、類毒素、毒素、抽提物。

## 被動免疫力包括種類

可分為：動物免疫血清、復原期病人血清、健康人血清、免疫球蛋白。

## 台灣地區所生的嬰兒應該接種的預防注射疫苗有那些種類

可分為：白喉、百日咳、破傷風混合疫苗、小兒痲痺、口服疫苗、痲疹疫苗、牛痘疫苗、卡介苗、腦炎疫苗、B型肝炎疫苗。

## 專用名詞字義

**食物中毒**

食物中含有毒劑（有害物）侵入生物體，並危害生理及心理之功能。

**化妝品**

係指施於人體外部，以潤澤髮膚、刺激嗅覺、掩飾體臭或修飾容貌之功能。

**消毒**

僅能夠將細菌的繁殖體殺滅，但不能消滅細菌芽胞。

**滅菌**

將所有的微生物全部殺滅（不管是細菌的繁殖體或芽胞）。

**心肺復甦術**

先開啟口部，便於為持一個暢通的氣道，並提供人工呼吸，再經由體外實施手部心臟按摩來提供人工循環。

**集體食物中毒**

是指兩人或兩人以上吃同樣的食物，發生相同的癥狀，將所剩下的食物及排泄物，經化驗結果，發現類似致病的病菌。

**何謂空窗期**

係指病毒在體內經過了一段（4—8個星期）時間，才會被檢驗出來。

丙級美容師學科證照考試指南

## 何謂潛伏期

係指病毒在體內經過了一段或3個月以上的時間，才會發病。

## 何謂批號

是指從工廠製造產品，一批一批的產生，而每一批皆需有一個批號。

## 標籤

係指化妝品容器或包裝上，用以記載文字、圖書或記號之標示物。

## 仿單

係指化妝品附加之說明書。

# 化妝品衛生管理條例

1、化妝品可化分為：一般化妝品、含藥化妝品。

2、化妝品衛生管理的單位稱之為衛生主管機關，在中央為行政院衛生署，在省（市）為省（市）政府衛生處（局），在縣（市）為縣（市）政府。

3、未經核准輸入的化妝品，含有醫療或毒劇藥品者，則依違反衛生條例規定第7條第1項，依據衛生條例規定第27條罰則，處一年以下有期徒刑、拘役或科或併科新臺幣壹拾伍萬元以下的罰金；其妨害衛生之物品沒收銷燬之。

4、未經核准輸入化妝品色素者，則依違反衛生條例第8條，依據衛生條例規定第27條罰則，處一年以下有期徒刑、拘役或科或併科新臺幣壹拾伍萬元以下的罰金；其妨害衛生之物品沒收銷燬之。

5、化妝品內含有不合法訂標準之化妝品色素者，不得輸入或販賣。如違反者，則依違反衛生條例第11條，依據衛生條例第27條罰則，處一年以下有期徒刑、拘役或科或併科新臺幣壹拾伍萬元以下的罰金；其妨害衛生之物品沒收銷燬之。

6、化妝品之製造，非經領有工廠登記者，不得為之。如違反者，則依違反衛生條例第15條第1項，依據衛生條例第27條罰則，處一年以下有期徒刑、拘役或科或併科新臺幣壹拾伍萬元以

下的罰金；其妨害衛生之物品沒收銷燬之。

　　7、未經許可製造含醫療或毒劇藥品者，則依違反衛生條例第16條第1項，依據衛生條例第27條罰則，處一年以下有期徒刑、拘役或科或併科新臺幣壹拾伍萬元以下的罰金；其妨害衛生之物品沒收銷燬之。

　　8、未經許可，不得製造化妝品色素。如違反者，則依違反衛生條例第17條第1項，依據衛生條例第27條罰則，處一年以下有期徒刑、拘役或科或併科新臺幣壹拾伍萬元以下的罰金；其妨害衛生之物品沒收銷燬之。

　　9、未經核准，製造法定外其它色素者，則依違反衛生條例第18條第1項，依據衛生條例第27條罰則，處一年以下有期徒刑、拘役或科或併科新臺幣壹拾伍萬元以下的罰金；其妨害衛生之物品沒收銷燬之。

　　10、化妝品或化妝品色素足以損害人體健康者，應禁止輸入、製造、販賣、供應或意圖販賣、供應而陳列時；如違反者，則依違反衛生條例第23條第1項，依據衛生條例第27條罰則，處一年以下有期徒刑、拘役或科或併科新臺幣壹拾伍萬元以下的罰金；其妨害衛生之物品沒收銷燬之。

　　11、輸入化妝品未含有醫療或毒劇藥品者，未接受備查即直接輸入（已公告免予備查者，不在此限），如違反者，則依違反衛生條例第7條第2項，依據衛生條例第28條罰則，處新臺幣拾萬元以下罰金；其妨害衛生之物品沒入銷燬之。

　　12、輸入化妝品，應以原裝為限，未經核准，不得在國內分裝或改裝出售，如違反者，則依違反衛生條例第9條，依據衛生條例第28條罰則，處新臺幣壹拾萬元以下罰金；其妨害衛生之物品

沒入銷燬之。

13、輸入化妝品或化妝品色素，未經核准或備查，不得變更，如違反者，則依違反衛生條例第10條，依據衛生條例第28條罰則，處新臺幣壹拾萬元以下罰金；其妨害衛生之物品沒入銷燬之。

14、輸入化妝品販賣業者，不得將化妝品之標籤、仿單包裝或容器等改變出售，如違反者，則依違反衛生條例第12條，依據衛生條例第28條罰則，處新臺幣壹拾萬元以下罰金；其妨害衛生之物品沒入銷燬之。

15、化妝品色素，未經許可即販賣營業，則依違反衛生條例第13條，依據衛生條例第28條罰則，處新臺幣壹拾萬元以下罰金，其妨害衛生之物品沒入銷燬之。

16、製造未含醫療或毒劇化妝品者，未經備查（已公告免予備查，不在此限），則依違反衛生條例第16條第2項，依據衛生條例第28條罰則，處新臺幣壹拾萬元以下罰金，其妨害衛生之物品沒入銷燬之。

17、製造化妝品含有醫療或毒劇藥品者，若無聘請藥師駐廠監督調配製造，則依違反衛生條例第19條，依據衛生條例第28條罰則，處新臺幣壹拾萬元以下罰金，其妨害衛生之物品沒入銷燬之。

18、製造化妝品及色素之核准或備查，未經申請核准，不得變更，如違反者，則依違反衛生條例第21條，依據衛生條例第28條罰則，處新臺幣壹拾萬元以下罰金，其妨害衛生之物品沒入銷燬之。

19、化妝品色素足以損害人體健康者，未依規定公告停止使用，且無做回收處理，則違反衛生條例第23條第2項，依據衛生條例第28條罰則，處新臺幣壹拾萬元以下罰金，其妨害衛生之物品沒入銷燬之。

20、來源不明的化妝品或化妝品色素，不得販賣、供應或意圖販賣、供應而陳列，如違反者，則依違反衛生條例第23條第3項，依據衛生條例第28條罰則，處新臺幣壹拾萬元以下罰金，其妨害衛生之物品沒入銷燬之。

21、輸入化妝品之樣品（未申請核准証明），應載明樣品字樣且不得販賣，如違反者，則違反衛生條例第23條之1，依據衛生條例第28條罰則，處新臺幣壹拾萬元以下罰金，其妨害衛生之物品沒入銷燬之。

22、無故拒絕抽查或檢查者，則違反衛生條例第25條，依據衛生條例第29條罰則，處新臺幣柒萬元以下罰金。

23、化妝品不得於報紙、刊物、傳單、廣播、幻燈片、電影、電視及其它傳播工具登載或宣傳猥褻、有傷風或虛偽誇大之廣告，如違反者，則違反衛生條例第24條，依據衛生條例第30條罰則，處新臺幣伍萬元以下罰金，情節重大或再次違反者，可撤銷有關營業或設廠之許可證照。

# 消毒法的認識與運用

## 消毒法基本種類

可分為：物理消毒法、化學消毒法。

## 何謂物理消毒法

係指運用物理學的原理例如，光、熱、輻射線、超音波等方式，達到消滅病原體的目的。

## 常用物理消毒法的種類

可分為：煮沸消毒法、蒸氣消毒法、紫外線消毒法。

## 煮沸消毒法的特色與正確操作方式

**特色**：是運用水中加熱的原理將病原體殺死，因為熱能會使病原體的蛋白質凝固，並改變蛋白質的特質，且溶解細胞膜內的脂質，致病原體的新陳代謝受到破壞。

**操作**：消毒前，器具先清洗乾淨。適用的器材：毛巾類。金屬類例如，剪刀、髮夾、挖杓、剃刀、鑷子（需拆開或打開）。玻璃製品例如，玻璃杯、瓷杯、瓷碗。所有物品須完全浸泡，水量一次給足，煮沸時間5分鐘以上即可。瀝乾或烘乾後，放置乾淨櫥櫃。

## 蒸氣消毒法的特色與正確操作方式

**特色**：是運用高熱的水分子，均勻透入所欲消毒的器材內，使附著在器材的病原體受濕、熱的作用而致其蛋白質凝固、變性，甚至改變病原體的新陳代謝機轉，阻斷其正常生長而達到消毒的目的。

**操作**：消毒前，器具先清洗乾淨。適用的器材：毛巾類。將毛巾摺成弓字型後，再放置於蒸氣消毒箱內，以100℃的流動蒸氣，消毒10分鐘以上。暫存蒸氣消毒箱。

## 紫外線消毒法的特色與正確操作方式

**特色**：是因其所釋出高能量的光線，使病原體體內的DNA引起變化，喪失繁殖的能力，導致病原體不能分裂、生長。

**操作**：消毒前，器具先清洗乾淨。適用的器材：金屬類例如，髮夾、剃刀、挖杓、鑷子、剪刀。（需打開或拆開）將器材放置在光度強度85微瓦特/平方公分以上，消毒20分鐘以上。暫存紫外線消毒箱。

## 何謂化學消毒法

是運用化學消毒劑浸泡器材，以達到消滅病原體的目的。

## 常用的化學消毒法種類

可分為：氯液消毒法、陽性肥皂液消毒法、酒精消毒法、煤餾油酚肥皂液消毒法。

## 氯液消毒法的特色與正確操作方式

**特色**：是運用氯的氧化能力，當其與病原體接觸時，產生氧

化作用，破壞其新陳代謝機轉，致病原體死亡。

操作：消毒前，將器具先清洗乾淨。適用器材為塑膠類例如，挖杓、髮夾及化妝用具類例如，粉撲、玻璃杯、白色毛巾。將器具完全浸泡在餘氯量200ppm以上，時間2分鐘以上。瀝乾或烘乾後，放置乾淨櫥櫃。

### 陽性肥皂液的特色與正確操作方式

特色：是運用與病原體接觸後蛋白質被溶解致死亡之原理，發揮殺菌之作用。

操作：消毒前，器具先清洗乾淨。適用器材為塑膠類例如，挖杓、髮夾及毛巾類。將器具完全浸泡在含0.1－0.5％陽性肥皂液內，時間20分鐘以上。瀝乾或烘乾後，放置乾淨櫥櫃。

### 酒精消毒法的特色與正確操作方式

特色：是最常用的皮膚消毒劑，有效的殺菌濃度為70－80％（一般採用75％）；病原體與其接觸時，其蛋白質會凝固，而致死亡。

操作：消毒前，器具先清洗乾淨。適用器材為金屬類例如，剃刀、剪刀、挖杓、鑷子、髮夾、睫毛捲曲器及塑膠類例如，挖杓、髮夾。化妝用刷類及粉撲。金屬類可直接擦拭，但須擦拭數次。塑膠類及其它類，須完全浸泡在75％酒精，時間10分鐘以上。金屬類瀝乾即可，其它類，須置乾淨櫥櫃。

### 煤餾油酚肥皂液的特色與正確操作方式

特色：是一種含25％或50％甲苯酚的皂化溶液，易溶於水而成混濁狀；最主要殺菌機轉是造成蛋白質的變性，但本身具有腐蝕性，使用時，需特別小心。

操作：消毒前，器具先清洗乾淨。適用器材為金屬類例如，剃刀、剪刀、挖杓、鑷子、髮夾、睫毛捲曲器及塑膠類例如，挖杓、髮夾。將器具完全浸泡在含6％煤餾油酚肥皂液內，時間10分鐘以上。瀝乾或烘乾後，放置乾淨櫥櫃。

# 急救

### 急救的定義

　　當創傷或疾病突然發生，在醫師尚未到達或未將患者送醫前對意外受傷或急診患者所做的一種短暫而有效的處理措施。

### 急救的目的

　　急救之目的主要是指：維持生命。預防更嚴重的傷害及傷口的感染。協助患者快速獲得治療，減輕傷患的痛苦。

### 急救的最大原則

　　是指：先確定患者與自己均無進一步的危險。

### 急救技術的分類

　　可分為：呼吸道異物梗塞、人工呼吸與心肺復甦術、創傷處理、灼、燙傷處理、一般急症的處理、癲癇症、暈倒、中毒的處理、中暑。

### 急救的一般原則

　　是指：先確定傷患及自己均無進一步的危險。迅速採取行動，針對最急迫的狀況給予優先處理。給予精神安慰，消除恐懼心理。非必要，不可任意移動傷患，若需移動，先將骨折部位及大創傷部位予以包紮固定。預防休克，注意保暖，以維持體溫。將患者安置於正確姿勢，對於神智不清者，採復甦姿勢。

清醒者，可給予熱飲料或食鹽水但昏迷者，或疑有內傷或重傷骨折，大面積燒傷可能須接受麻醉或腹部有貫穿傷者，均不可給予食物或飲料。且保持傷者四週環境之安靜。如需要時，應儘速送附近的醫院或尋求援助，以獲得治療與照顧。

## 呼吸道異物梗塞

**部份梗塞**：患者如能呼吸，不可給予背擊，可自行咳出或嚥下。

**急救方法**：一般成人適用腹部擠壓法。肥胖者及孕婦適用胸部擠壓法。

**完全梗塞**：患者如不能呼吸，呈現意識喪失或昏迷，應立即急救。

**急救方法**：腹部擠壓法、胸部擠壓法、手指掃探法。

## 何謂腹部擠壓法

是指：使患者仰臥，施救者跨跪在患者大腿兩側，或身體的一側，雙手重疊或交扣，手掌根在患者肚臍與胸骨劍突之間，朝內上方快速擠壓6至10次，並重複到異物咳出為止。

## 何謂胸部擠壓法

是指：當患者是大胖子或孕婦時，必須用此方法，先找到按壓點（胸骨中央），雙手重疊或交扣，用力朝胸骨方向快速擠壓6至10次或直到有效為止。

## 何謂手指掃探法

此法只用於昏迷的患者，一手將患者嘴巴張開（拇指壓舌，四指將下巴往上提），另一手食指沿臉頰伸入咽喉將異物勾出。

## 什麼時候，需要暢通呼吸道、施行人工呼吸

不論手指掃探時，嘴巴有無異物勾出，都需將呼吸道暢通後嘗試吹氣，如果空氣能吹入肺部，就開始人工呼吸。

## 何時要做人工呼吸、應多久做一次

當患者呼吸停止，但仍有心跳時，則可施行人工呼吸，最常用的人工呼吸為口對口人工呼吸。一般成人每隔5秒鐘吹一口氣，小孩每隔3秒鐘吹一口氣。

## 何謂心肺復甦術、其比例為多少（每隔多久需做一次？）

是指：人工呼吸及人工胸外按壓心臟的合併使用，簡稱C.P.R.。每隔4－5分鐘，做胸外按壓15次，人工呼吸2次。

## 一般在進行人工呼吸與腹部擠壓法時，成人與嬰兒的差異點在那兒

**成人**：以食指與中指指尖輕摸頸動脈，成人每隔5秒鐘吹一口氣。

**嬰兒**：以食指與中指指尖輕摸肱動脈，嬰兒每隔3秒鐘吹一口氣。

## 創傷處理可分為幾種

可分：止血法、傷口簡易處理、簡易包紮法。

## 止血法又可分為幾種

**直接加壓止血法**：指直接在傷口上面或周圍施以壓力而止血，敷料必須完全蓋住傷口，至少5至10分鐘。

**昇高止血法**：指將傷肢或出血部位攀高，使傷口超過心臟部位，可減少血液流出（傷口若無骨折現象時，可與直接加壓止血

法併用）。

冷敷止血法：適用於挫傷或扭傷後，不可揉或熱敷。

止血點止血法：此法只用於動脈出血，可用來控制嚴重出血的壓迫點，分別位於手臂上的肱動脈及大腿上的股動脈。

止血帶止血法：當四肢動脈大出血，用其它方法不能止血時，才用止血帶止血法。

## 傷口簡易處理可分為幾種

輕傷：清潔後，可直接用OK絆包紮固定。

嚴重出血的傷口處理：立刻止血、預防休克、用無菌敷料蓋住並固定傷口、儘速送醫。

頭皮創傷處理：不清洗傷口、用無菌敷料蓋住傷口、不可擠壓、儘速送醫。

## 簡易包紮法可分為幾種

環狀包紮法：適用傷口不大且等粗的肢體。

螺旋形包紮法：適用受傷部位較大，無法以環狀包紮法來固定敷料時。

8字形包紮法：多用於肘部或膝部關節，包紮時受傷部位應保持彎曲。

頭部包紮法：使用三角巾。

前額頭包紮法：使用三角巾。

手掌或足部包紮法：使用三角巾。

踝關節扭傷包紮法：使用三角巾。

托臂法：使用三角巾。

## 何謂灼傷

是指：由於身體接觸火焰、乾熱、電、日曬、腐蝕性化學藥

品、放射線而受傷，即稱之為「灼傷」。

## 何謂燙傷

　　是指：由於身體接觸燙熱液體、蒸氣而受傷，稱之為「燙傷」。

## 灼燙傷的處理可分為幾種

　　可分為：輕微灼燙傷、嚴重灼燙傷以及化學藥品灼傷。

　　**化學藥品灼傷的處理**：身體碰到例如，染髮劑、燙髮劑、清潔劑、消毒劑而發生灼傷時，應立即：用大量的水沖掉灼洗部位至少10分鐘以上，並將灼傷部位的衣物脫掉。如果是灼傷眼部，應採取健側在上、傷側在下，用大量的水從眼睛內角沖向外角，至少10分鐘以上。再用已消毒過的乾淨敷料蓋住灼傷部位，並固定敷料。立即送醫，並將化學藥品帶去，以利辨識。

## 休克的原因及急救方法

　　**原因**：人遇到外傷、出血、疼痛、暴露於冷處過久或飢餓、疲勞、情緒過度刺激及恐懼，就易呈現休克。

　　**徵狀**：臉色蒼白，兩眼半閉，眼珠無神且瞳孔放大，血壓降低。

　　**方法**：讓患者平躺，將下肢抬高約20—30公分，但頭部外傷者須將頭抬高。保持體溫，身體下加墊毛毯並包裹身體，以不出汗為原則。患者意識不清楚者，應採復甦姿勢。鬆開衣服，注意保持空氣新鮮與安靜的環境。清醒者可給予熱飲料或補充水份。檢查是否有其它外傷或骨折。儘速送醫。

## 中風的原因及急救方法

　　**原因**：由於腦部的血管有局部的阻塞或出血，因而發生血管硬化與高血壓。

**徵狀**：輕微者會有頭痛、頭暈、言語有缺陷和耳鳴。嚴重者知覺喪失、呼吸困難、身體一側上下肢體麻痺、瞳孔大小左右不一。

　　**方法**：不要亂動病人，移動時要固定頭部。儘速送醫，並保持呼吸道通暢。使患者平臥，將頭肩部墊高10－15度，或採半坐半臥，並鬆開衣物，如意識不清，則採復甦姿勢。若有呼吸困難或分泌物流出，可使病人頭側向一邊＜麻痺側應在上面＞。不可供給任何流質或食物。迅速送醫。


## 鼻出血的急救方法

　　首先，讓患者安靜坐下，使上身前傾。其次，鬆開衣領，要患者捏緊鼻子並張口呼吸。可於額部、鼻部冷敷。告知患者數小時之內不可挖鼻子。例如，短時間內，仍無法改善，應立即送醫。


## 當異物入耳時，該如何處理

　　**水入耳**：頭側向入水側，跳一跳即可使水流出。

　　**昆蟲入耳**：用燈光照射將小蟲取出或可滴入沙拉油、橄欖油、水使昆蟲淹死流出。

　　**豆入耳**：滴入95％酒精，使豆縮小則易取出。

　　異物如果是如珠子或硬物入耳，應立即送醫取出。


## 癲癇症的原因及急救方法

　　**原因**：是一種慢性病，真正的原因尚未明瞭。

　　**徵狀**：當發作時患者突然失去知覺，倒在地上，數秒鐘內停留僵直狀態，即開始會有抽搐現象產生。

　　**方法**：可用柔軟物品如手帕放置在顧客上下齒列中，以防止患者咬傷舌頭。待抽搐後，解開患者衣領及腰帶，並讓患者平臥，頭偏向一側。痙攣發作後，如情況許可，即送回家休息，倘

若患者呼吸停止，應立即行人工呼吸並送醫。

## 暈倒的原因及急救方法

**原因**：在毫無徵兆之下，由於腦部短時間內突然血液供給不足，而發生意識消失，以致倒下的現象。

**徵狀**：患者如果不省人事，臉色蒼白，呼吸弱、脈搏初時弱而慢，但漸漸加快。

**方法**：首先將患者移至陰涼處，使其平躺並抬高下肢。使緊身衣服得到鬆解。若有呼吸困難現象時，將他置於復甦姿勢，若長時間內無法恢復，應即刻送醫。

## 中暑的原因與急救方法

**原因**：因大氣中溫度過高且有乾和熱的風，致使身體無法控制體溫，汗腺失去排汗功能，才導致中暑。

**徵狀**：體溫高達攝氏41度以上，患者會有頭痛、暈眩、皮膚乾而紅等徵狀。

**方法**：移患者至陰涼處並採半坐半臥姿勢，意識不清者採復甦姿勢。可用濕冷床單或大毛巾包裹，以電扇直吹患者，直到體溫降至攝氏38度。

## 中毒的原因與急救方法

**原因**：又可以分為：食物中毒、藥物化學品中毒、一氧化碳中毒。

**方法**：**食物中毒**可供應水或牛奶後立即催吐，但已昏迷且有痙攣者除外。患者屬於清醒者可給予食鹽水。保持體溫，不使其出汗，然後趕緊送醫。

**藥物化學品中毒**例如，非腐蝕性可給予喝蛋白或牛奶，然後催吐。如為腐蝕性則給予喝蛋白或牛奶以保護黏膜，但勿催吐。即刻送醫，並將化學毒物一起帶去。

**一氧化碳中毒**需立即關閉瓦斯開關，並打開所有的門窗，使空氣流通。鬆開患者緊身衣物，必要時，做人工呼吸或胸外按壓。檢查有無外傷或骨折現象，然後立即送醫。

# 丙級學科是非題

(    ) 1.美容從業人員建議顧客接受服務時要應用技巧與機智，不可強迫推銷。

(    ) 2.健康的身體，良好的個人衛生，以及整潔的儀表，是美容師必須具備的條件。

(    ) 3.接到預約電話、要清楚的記下顧客的姓名、服務項目以及預約時間。

(    ) 4.電話禮儀，當顧客說「再見」後，即可將電話掛斷，不必等顧客先掛斷電話。

(    ) 5.美容從業人員對於材料使用應「當用則用，當省則省」，以免造成浪費。

(    ) 6.任何涉及醫療的美容行為，均不屬於美容從業人員的工作範疇。

(    ) 7.合格專業的美容從業人員必須對皮膚基本構造與功能有深刻的認識及了解。

(    ) 8.「換膚」已涉及醫療行為美容從業人員不得從事。

(    ) 9.不使用來源不明的化妝品，是美容從業人員基本的職業道德。

丙級美容師學科證照考試指南

(　　)10.與顧客交談兩手臂相交在胸前的姿勢是正確的。

(　　)11.接聽電話時要有禮貌且以愉快的聲音答話，留給對方良好的印象。

(　　)12.敬人者，人恆敬之；嚴以律己、寬以待人這些古人明訓，不適用於美容工作。

(　　)13.護膚工作，由於長期間低著頭、彎著腰，從事護膚工作者，一般不講究肢體儀態，只要「舒服」就好。

(　　)14.不宣揚顧客的隱私，是美容從業人員基本的職業道德之一。

(　　)15.遇到顧客態度不佳時與顧客爭論或拒絕服務是必要的。

(　　)16.「貨物出門」仍需考慮對顧客的售後服務。

(　　)17.時間就是金錢，為顧客做保養工作時，應以「速度」為考慮的首要步驟。

(　　)18.割雙眼皮不涉及醫療行為美容從業人員可為顧客執行。

(　　)19.接到預約電話、要清楚的記下顧客的姓名、服務項目以及預約時間。

(　　)20.美容從業人員要培養井然有序，物歸原處的習慣。

(　　)21.顧客的皮膚如發生病變美容從業人員可自行處理。

（　）22.美容法規是老闆的事，美容從業人員只要掌握、發揮專業技巧即可。

（　）23.擦腮紅的技巧是以毛刷沾上適量的腮紅，在雙頰上朦朧地刷勻。

（　）24.美容從業人員要能謹言慎行，不要在他人面前批評公司的缺點。

（　）25.在工作崗位上，要準時上、下班、不遲到、不早退。

（　）26.使用眉刷可使眉型比較自然柔順。

（　）27.色相環的各色相中，黃色的明度最低。

（　）28.粉底的作用可以修飾臉部的缺點，改善膚色。

（　）29.裝假睫毛最主要的是要使睫毛看起來濃密，長翹。

（　）30.美化眼睛的技術，可利用「眼影」來改善眼睛的大小，「眼線」來表現眼部的色彩與型態。

（　）31.標準臉型的比例，眉毛的位置應從中央髮際開始約臉長1/3處。

（　）32.美容從業人員宜隨社會的變遷，參加各種在職訓練，以提昇美容工作水準。

（　）33.浮腫的眼睛，眼瞼處可用咖啡色系加以修飾。

（　　）34.眼影的基本塗法，愈近睫毛處色彩愈淡。

（　　）35.短眉型可給年輕的感覺。

（　　）36.為自己畫上眼線時，鏡子宜在臉上方，下顎拉低，眼睛
　　　　向上看。

（　　）37.面皰皮膚在化妝上，應著重點眼部，唇部的重點化妝，
　　　　而皮膚則讓其素淨即可。

（　　）38.粉條遮蓋力較佳，面皰皮膚可用粉條加以掩飾。

（　　）39.腮紅不可低於鼻翼，宜向上刷至太陽穴下方。

（　　）40.正確卸妝的步驟是先卸眼部、唇部、再卸粉底。

（　　）41.小麥膚色者，一般化妝宜選用象牙色系粉底。

（　　）42.化妝打粉底時不需考慮肌肉紋理的方向。

（　　）43.標準眉的眉峰位置宜在眉長1/2處。

（　　）44.年輕少女採用液狀粉底作為化妝粉底較適宜。

（　　）45.化妝除美化功能外，也有保護皮膚的效果。

（　　）46.水粉餅沾水使用，適合乾性皮膚。

（　　）47.夏季粉底，宜選用防水，耐汗且清爽的製品。

（　）48.用眉夾拔除眉毛時，一次只能拔除一根，且應順著眉毛生長的方向拔。

（　）49.標準眉的眉頭與眉尾宜在同一水平線上。

（　）50.卸妝時，在眼睛四周、鼻翼、與嘴唇四周；用力的擦乾淨。

（　）51.皺紋皮膚宜使用較厚的粉底遮蓋。

（　）52.噴霧性化妝品含有酒精需遠離火爐旁，以免引燃爆炸。

（　）53.美容從業人員應以本身的知識及技術直接幫顧客做設計化妝，不須與其做溝通。

（　）54.長型臉之眉型設計應選擇有角度的眉型較為適合。

（　）55.化妝品衛生管理之主管機關，在中央為行政院衛生署。

（　）56.使用化妝品後，皮膚產生紅、癢、痛時，應立即停用。

（　）57.含有水銀(汞)製劑的化妝品具有漂白作用，可放心的長期大量使用。

（　）58.在色調中用單一色調化妝給人有壓迫感產生恐懼。

（　）59.清潔肌膚用的化妝品其目的是使皮膚表面及毛孔內部所積存的污垢都能徹底清除的用品。

（　）60.基本常識應瞭解白色表面幾乎吸收全部光線，而黑色表

面則反射全部光線。

(　)61.為了防止細菌、塵埃，在不知不覺中進入化妝品，使它
變質，應隨時提醒自己以清潔的手指挖取，而多餘的化
妝品可倒(刮)回瓶內，以避免浪費。

(　)62.化妝品均為外用產品，故可使用甲醇。

(　)63.在白天化妝時最好的採光是靠窗戶利用自然光來化妝。

(　)64.化妝品存於攝氏三十五度以上較不易變質。

(　)65.軟毛化妝刷宜使用鹼性強的洗劑，方可徹底清洗刷子上
殘留的化妝品。

(　)66.化妝水的功用在補充皮膚的水份，且可調整皮膚的酸
度。

(　)67.化妝品中可使用水銀，以使皮膚白細。

(　)68.微鹼性化妝水就是收斂性化妝水。

(　)69.清潔霜是一種能徹底溶解毛細孔內、外污垢而不會被皮
膚吸收的清潔用品。

(　)70.使用香皂時應以香皂沾水搓成泡沫後再洗淨皮膚。

(　)71.防腐劑有害人體，故化妝品中不可添加防腐劑。

(　)72.使用蒸臉器可軟化角質，易於清潔毛孔污垢。

（　　）73.含荷爾蒙成份之化妝品，應列入含藥化妝品管理。

（　　）74.為了保護電路，常用的裝置是電路自動切斷器。

（　　）75.乳化製品配製可分為油包水型及水包油型兩種。

（　　）76.眉筆的選購必須注意筆心不要太硬或太軟。

（　　）77.化妝品販賣業者，視需要可將化妝品之包裝改變出售。

（　　）78.香皂、洗髮精係一般日常用品，非屬化妝品衛生管理條例管轄。

（　　）79.蒸臉時，美容從業人員應以濕的化妝棉將顧客的雙眼覆蓋保護。

（　　）80.我國化妝品衛生管理，依照化妝品衛生管理條例之規定，該條例未規定者，再依其他有關法律之規定。

（　　）81.含藥漱口水係藥品管理化妝品販賣業者不得販賣。

（　　）82.去頭皮屑、止頭皮癢之洗髮精係屬一般化妝品，無需向衛生機關申請備查。

（　　）83.電流分為直流電及交流電。

（　　）84.只有領有工廠登記證者，才可以製造化妝品。

（　　）85.輸入化妝品得任意在國內分裝或改裝出售。

（　　）86.飲用水的水塔或儲水槽，不必加蓋，以增強日光消毒的效果。

（　　）87.急救箱的紗布是用來清潔及消毒之用，而棉花則用來做止血用。

（　　）88.檢查患者有無呼吸的方法是成人摸頸動脈，嬰幼兒摸肱動脈。

（　　）89.自國外輸入之化妝品，應刊載輸入廠商之名稱、地址。

（　　）90.晚間宴會妝，其重點宜著重在眼部與唇部的化妝。

（　　）91.傷寒的預防方法為徹底改善環境衛生消滅病媒，加強食品衛生及牛乳消毒，注意個人衛生及洗手。

（　　）92.百日咳之傳染源為患者的咽喉或支氣管粘膜分泌物。

（　　）93.肺炎，支氣管炎主要是由患者的口、鼻、咽喉或其他呼吸器官的分泌物或飛沫，藉空氣散播而傳染。

（　　）94.普通感冒的病原體是病毒。

（　　）95.白喉之病源體為一種桿菌。

（　　）96.肺結核是一種慢性呼吸系統傳染病。

（　　）97.病毒性結膜炎發病部位局限於眼結膜，會引起視力障礙，甚至失明。

(　　)98.非A非B型肝炎大部份病例發生於輸血、受傷或使用不潔
　　　　針筒、針頭。

(　　)99.泡疹常在口角及生殖器出現小水泡,時好時壞無法預防
　　　　接種也無根治藥物。

(　　)100.日本腦炎病原體的中間宿主為豬,家禽或野鳥。

(　　)101.細菌性痢疾之傳染源為病人或帶原者的分泌物。

(　　)102.第二次感染不同型登革熱病毒,可發生嚴重出血性或休
　　　　克情形。

(　　)103.B型肝炎是由病人糞便污染飲水或食物,再傳染給健康
　　　　人。

(　　)104.愛滋病目前還沒有疫苗和根本治療的藥品。

(　　)105.百日咳之病原體是一種球菌。

(　　)106.狂犬病之傳染途徑係人被感染狂犬病的瘋狗或其他動物
　　　　咬傷。

(　　)107.B型肝炎可由輸血,外傷或共同針筒、針頭引起。

(　　)108.病原體進入人體後,雖未發病但存在他身上的病原體仍
　　　　可傳染給他人,使其生病這種人稱為帶原者。

(　　)109.砂眼之病原體是一種螺旋菌。

(　　)110.白癬的病原體是細菌。

(　　)111.皮膚的化膿病其病原體有葡萄球菌或鏈球菌等。

(　　)112.外耳道黴菌病最主要的原因是掏耳朵。

(　　)113.結膜炎可分為病毒性結膜炎，細菌性結膜炎及慢性濾泡性結膜炎。

(　　)114.斑疹傷寒分流行性斑疹傷寒及地方性斑疹傷寒，前者由鼠蚤所引起的。

(　　)115.砂眼披衣菌可引起非淋菌性尿道炎。

(　　)116.梅毒之傳染源為帶有病原體之性伴侶。

(　　)117.恙蟲病之病原體是一種病毒。

(　　)118.梅毒之病原體是一種螺旋體。

(　　)119.癩病是一種慢性傳染皮膚病。

(　　)120.美容機具消毒時，應依所要消毒器材的種類，選擇適當的消毒藥劑和消毒方法。

(　　)121.蒸臉器上的玻璃杯，若有石灰質附著時，可用醋浸泡，放置隔夜後再清洗。

(　　)122.細菌性痢疾之傳染途徑主要是藉由被污染的飲水或食物，不潔的手或蒼蠅等媒介所引起。

（　）123.頭皮創傷的急救處理法是清洗傷口，並將頭肩部放低。

（　）124.環狀包紮法適用於大傷口且粗細不等的肢體。

（　）125.傷口上的凝血塊不可摘除或撕，用紗布包蓋即可。

（　）126.中風患者兩眼瞳孔放大，而休克患者，則兩眼瞳孔大小不一。

（　）127.傷口上必須先放上無菌敷料再包紮。

（　）128.最常用且最有效的人工呼吸法為口對口人工呼吸法。

（　）129.瓦斯熱水器最好裝在室內，使用時較方便。

（　）130.蒸氣消毒法以溫度100℃的流動蒸氣消毒五分鐘以上，即可達到消毒的目的。

（　）131.口對口人工呼吸法，是每隔五分鐘給患者吹一口氣。

（　）132.日光中含有紅外線亦具有殺菌作用。

（　）133.第一次感染登革熱的人，會對該型的登革熱病原體產生終生免疫力。

（　）134.毛巾消毒只適用於蒸氣消毒法。

（　）135.直接接觸傳染是指與病人或帶原者的口腔、粘膜或皮膚接觸而感染的疾病。

（　）136.美容從業人員為增進衛生常識，以維護顧客之健康，
　　　　　應參加衛生講習。

（　）137.健康係身體沒有病而言，不包括心理之健康。

（　）138.細菌性痢疾之病原體係一種桿菌。

（　）139.使用紫外線消毒，其照明強度至少要達到每平方公分
　　　　　85微瓦特的有效光量，照射時間要20分鐘以上。

（　）140.霍亂之傳染源為病人排泄物、嘔吐物或帶原者排泄物
　　　　　或嘔吐物。

（　）141.消毒的目的在於預防疾病的傳染，除可保障顧客健康
　　　　　外，並可維護從業人員的健康。

（　）142.香料及防腐劑是造成皮膚過敏的原因之一。

（　）143.防除病媒的三大原則是第一不讓它來，第二不讓它吃，
　　　　　第三不讓它住。

（　）144.物理消毒是運用光熱、輻射線、超音波等等之方式，
　　　　　達到消滅病原體之目的。

（　）145.心肺復甦術的按壓位子在胸骨下端三分之一。

（　）146.傳染霍亂之病原體為桿菌。

（　）147.傷寒的病原體為弧菌。

（　　）148.化妝品包裝毫無中文標示，表示正宗進口貨，是合法產品。

（　　）149.病原體在室溫20℃～38℃下最適合生長。

（　　）150.塑膠製品，化學纖維布料等，可適用於煮沸消毒法。

（　　）151.需要以乾毛巾方式保存時，最好以蒸氣消毒法處理。

（　　）152.稀釋消毒液，使用量筒量原液時，視線應該與所需刻度成水平位置。

（　　）153.化妝品如在不衛生的情況下分裝，易引起污染而導致變質。

（　　）154.心肺復甦術是指人工呼吸及胸外按壓心臟的合併使用。

（　　）155.三斑家蚊會傳播瘧疾。

（　　）156.95%濃度之酒精，消毒效果最好。

（　　）157.輕傷少量出血的傷口，可用優碘洗滌傷口以及周圍，並以傷口為中心，環形向四周塗抹。

（　　）158.煮沸消毒法是於沸騰100℃的開水中煮沸五分鐘以上，即可達到消毒的目的。

（　　）159.流行性感冒是由流行性感冒病毒所引起。

（　）160.淋病之預防方法是避免與帶原者或患者性接觸及注意個
人衛生。

（　）161.流行性感冒流行時，傳染非常迅速，且併發症非常嚴
重例如，肺炎等。

（　）162.紫外線消毒法是一種物理消毒法。

（　）163.美容從業人員在領得技術士證照後，不需要再接受定期
健康檢查。

（　）164.酒精消毒法是指浸泡在75%的工業用酒精中十分鐘以上

（　）165.氯液消毒法是將乾淨之器材，浸泡於自由有效氯100PPM
的漂白水，浸泡時間在二分鐘以上。

（　）166.日光所以具殺菌力，仍因其中含有波常200～400nm之紫
外線。

（　）167.非淋菌性尿道炎其傳染源為帶有病原體之性伴侶。

（　）168.肺結核之傳染途徑可分吸入傳染與經口傳染。

（　）169.購買到涉嫌違法或成分不明的化妝品時，可將該品及來
源資料逕向各縣市衛生局請求檢驗。

（　）170.皮膚受傷、或有濕疹、紅腫等現象，應暫停使用化妝
品。

（　）171.癩病之傳染途徑係與帶有病原體的人接觸，經皮膚傷口

傳染。

（　）172.常用美容機具的化妝品消毒劑，有氯液，酒精，複方煤餾油酚液，陽性肥皂液等。

（　）173.室內如聞有瓦斯氣味時，應先小心打開窗戶，關緊開關，絕不可點火，也不可扳動電器開關，以免引起爆炸。

（　）174.國產香皂之核准字號應為省(市)衛妝字第000000號。

（　）175.癩病之病原體是一種鏈球菌。

（　）176.傳染病傳染途徑的接觸傳染可分為飛沫傳染與空氣傳染。

（　）177.剪刀消毒時，須先將機件分解，刷乾淨後再消毒。

（　）178.病毒性結膜炎其傳染途徑為人對人眼睛分泌物的直接或間接接觸。

（　）179.供應來源不明之化妝品，處新台幣十五萬元以下罰鍰。

（　）180.電器使用後要拔插頭時，不要拉電線的部份否則容易造成短路。

（　）181.由患者或帶原者以直接或間接的方式傳染給別人，或由動物傳至人體的疾病稱為傳染病。

（　）182.煮沸消毒法是運用水中加熱的原理將病原體的蛋白質凝

固，致病原體的新陳代謝受到破壞，而達到消毒的目的。

( )183.使用含藥化妝品，應特別注意包裝上刊載之「使用時注意事項」。

( )184.化妝品的功能不外乎清潔、滋潤、美化、保養肌膚之作用。

( )185.美容從業人員工作服的顏色，可選擇自己喜愛的，並沒規定要白色或素色。

( )186.由胸部X光檢查及驗痰不能知道有無患肺結核病。

( )187.美容從業人員只要技術高明，其兩眼視力矯正後在0.4以下，也可以從業。

( )188.愛滋病不會由帶原者之性伴侶傳染。

( )189.油份較高的清潔霜適合乾性皮膚及濃妝者卸妝用。

( )190.漂白水與鹼性溶液混用，會產生氯氣，引起中毒。

( )191.預防小兒麻痺之方法，可口服沙賓疫苗。

( )192.對急性心臟病患者應採半坐臥姿勢。

( )193.美容業為提高服務水準，顧客如要求挖耳時，可替其服務。

（　）194.淋病之傳染是帶有病原體性伴侶。

（　）195.依消毒原理的不同，我們將消毒方法分為物理及化學消
　　　　毒法兩大類。

（　）196.狂犬病是一種非法定傳染病又叫恐水症。

（　）197.淋病可引起尿道炎，女性常無明顯症狀，但可造成不妊
　　　　症。

（　）198.傷寒、霍亂、痢疾等傳染病，係由於製造或販賣食品的
　　　　工作人員染有疾病或帶有病原菌污染食物、水而傳染。

（　）199.美容從業人員的兩眼視力往矯正後應在0.8以上。

（　）200.紫外線消毒法是運用其所釋出的高能量光線，DNA使病
　　　　原體引起變化，喪失繁殖的能力，致病原體不能生長。

（　）201.鼠疫之病原體是一種球菌。

（　）202.飛沫傳染不會傳染感冒。

（　）203.75%酒精為無味。

（　）204.淋病之病原體是一種雙球菌。

（　）205.白線斑蚊會傳播日本腦炎。

（　）206.理想的化學消毒劑除了可以殺死病原體的繁殖型以外，

尚可殺死細菌病毒，尤其是肝炎病毒。

( )207.發現顧客有化膿性瘡傷或傳染性皮膚病時，應予拒絕服務。

( )208.梅毒之潛伏期平均約3週。

( )209.0.5%陽性肥皂液為淡乳色。

( )210.陽性肥皂液具有肥皂相拮抗的特性，而降低殺菌效果。

( )211.瓦斯漏氣發生中毒，應立即關閉電源和瓦斯開關，並打開窗戶，使空氣流通。

( )212.酒精與病原體接觸時，在其有效的殺菌濃度內，會使蛋白質溶解，而致死亡。

( )213.開放性肺結核患者最好隔離治療，並注意痰及污染物之消毒。

( )214.油份較高的清潔霜不適合乾性皮膚使用。

( )215.唇膏打開後，有類似發汗的水珠附著，是不好的產品。

( )216.如果昆蟲進入耳內，可用燈光照射，將小蟲引出。

( )217.對於神智不清的傷患應採用仰臥姿勢。

( )218.一般酒精是一種無色透明，具有特別異味，揮發性強的液體。

（　）219.各種消毒藥品必須與美容、美髮用品分開妥為存放，同時須標明品名，用途及中毒時之急救方法。

（　）220.敏感皮膚較脆弱，宜選用無香料無刺激性保養品。

（　）221.化妝品之廣告，應於事前申請中央衛生主管機關核准。

（　）222.香水不必標示製造廠名，因為它是免除申請備查的化妝品。

（　）223.國產眉筆之核准字號應為省(市)衛妝字第000000號。

（　）224.為了補充肌膚水份，蒸臉時間愈久愈好。

（　）225.紫外線之波長愈短，其殺菌能力愈差。

（　）226.急救是當創傷或疾病突然發生時，在醫生尚未到達或未將患者送醫前對意外受傷或急症患者，所做的一種短暫而有效的處裡。

（　）227.色彩的三屬性是明度、色彩、色相。

（　）228.化妝品衛生管理之主管機關，在縣(市)為縣(市)政府。

（　）229.皮膚的狀況會隨著環境、年齡有所變化，因此在化妝品的選擇上應依個人的膚質而定。

（　）230.購買外國電器時，應注意其電壓(V)和頻率(Hz)與臺灣地區之差異。

（　）231.任何創傷的急救，首先應注意止血及預防休克。

（　）232.止血帶止血法是最有效的方法任何傷口都可使用。

（　）233.含藥化妝品的製造應聘請藥師駐廠監督調配製造。

（　）234.手最容易沾染細菌和寄生蟲卵，所以工作前後，飯前便
　　　　後一定要洗手。

（　）235.美容院不得調配、分裝或改裝化妝品供應顧客。

（　）236.化妝品係指施於人體外部，以潤澤髮膚，刺激嗅覺　，
　　　　掩飾體臭或修飾容貌的物品。

（　）237.我國化妝品係於民國六十一年開始納入管理。

（　）238.一般化妝品係指未含有醫療或毒劇藥品之化妝品。

（　）239.維他命係一般營養劑，無論其含量多寡仍可依一般化妝
　　　　品申請製造。

（　）240.硬水中含有很多的鈣、鎂等不溶性鹽類，會殘留、沉積
　　　　在皮膚表面使皮膚變乾燥發癢。

（　）241.含藥化妝品所含醫療或毒劇藥品成份，含量需符合中央
　　　　衛生主管機關規定之範圍及基準。

（　）242.化妝品的標籤只要寫明：廠名、品名、功能即可。

（　）243.唇膏體積過小，故其成分不必詳列於容器、包裝或仿單

上。

（　）244.金屬製品之機具泡浸於漂白水或陽性肥皂液中，可添加
　　　　0.5%亞硝酸鈉以防受腐蝕而生銹。

（　）245.一般化妝品不得登載或宣揚具有醫療效果的廣告。

（　）246.香味愈濃的保養品，品質愈好。

（　）247.對腐蝕性化學藥品中毒，應給予喝蛋白或牛奶，並立即
　　　　催吐。

（　）248.含藥化妝品之廣告採事先審查，嚴禁藉各種廣告媒體登
　　　　載或宣傳猥褻、妨害風化或虛偽誇大之廣告，而一般化
　　　　妝品則不受此限制。

（　）249.嚴重灼燙傷時，應立即將傷處的燒焦衣物除去。

（　）250.職業婦女在化妝設計上應講求簡易迅速與持久性。

（　）251.化學藥品灼傷時，應立刻用大量的水沖掉灼傷部份的化
　　　　學藥物，至少10分鐘以上。

（　）252.眉筆係一般化妝品，包裝上應有一般化妝品第0000號之
　　　　備查字號。

（　）253.凡是昏迷不醒，嘔吐，頸部及胃、腸創傷的傷患，不可
　　　　給予任何飲料。

（　）254.蒸臉器所使用的水，必須是潔淨的蒸餾水或去離子水。

( )255.指甲油除美化功能外也能增加指甲的硬度。

( )256.化妝時應避免破壞顧客髮型,粉底切勿擦到髮際邊緣。

( )257.雨水和蒸餾水都是軟水。

( )258.蓋斑膏可掩飾黑斑,雀斑及局部暗沉膚色。

( )259.柔和燈光下的晚宴妝,不宜採用深色的粉底做化妝。

( )260.化妝設計,除了考慮其特性及條件外,並需了解設計主題。

( )261.正三角型與圓型臉,服裝以V型的領口較恰當。

( )262.化妝品保存以愈低溫愈好,故可把化妝品全置於冰箱內。

( )263.無菌敷料的大小,至少應超過傷口四週2.5公分。

( )264.每位從業人員學會安全與急救技能,除了自己受益之外,更可提供顧客安全的保障。

( )265.化妝品色素非化妝品之主要成分,故其製造、輸入無須申請查驗登記。

( )266.即使是大傷口,用急救藥品處理過即可,不必再送醫治療,以免浪費時間。

( )267.包裝上載明「樣品」之化妝品,不得販賣。

（　）268.發現呼吸道異物梗塞患者，不能說話、咳嗽、呼吸時，應立即給予背擊，使異物掉下來。

（　）269.電力公司所提供的電流是直流電。

（　）270.對暈倒患者，應使其平躺，並抬高頭部。

（　）271.對於休克患者應讓其平躺頭肩部抬高20～30公分。

（　）272.對中風患者，應使其平躺，並將頭肩部墊高10～15度或採半坐臥姿勢。

（　）273.不良化妝品之辨識包括包裝不完整、污損、不易辨識，變味、變色、油水分離。

（　）274.對頭部外傷患者，應讓其平躺，並將下肢抬高20～30公分。

（　）275.一般上班族的女性應以淡妝為主，表現端莊、大方的知性美。

（　）276.挫傷或扭傷後，不可揉或熱敷，應用清潔的冷濕敷料蓋於傷口。

（　）277.乳液有(O/W)(W/O)之別，而W/O較O/W油膩。

（　）278.防止黑斑、雀斑之面霜係屬一般化妝品，應向衛生機關申請備查。

（　）279.採用直接加壓止血法時，可用衛生紙或棉花直接蓋在傷

口上。

(　)280.檢查患者有無脈博的方法是用眼睛去看患者胸部有無起
　　　伏。

(　)281.壓額頭推下巴，是保持呼吸道暢通的好方法。

(　)282.白天的宴會妝重點是使臉部呈現出自然不做作的神采，
　　　膚色宜表現乾淨，清晰。

(　)283.圓臉型雙頰部份可使用明色調的腮紅修飾。

(　)284.美容從業人員工作前應洗手，並穿著清潔工作服，顏面
　　　作業時應戴口罩。

(　)285.國產、面霜、乳液，包裝上應有一般化妝品第0000號之
　　　備查字號。

(　)286.美容業營業場所應備有不透水，無蓋垃圾桶並隨時將垃
　　　圾放入桶內。

(　)287.圓臉型服裝的衣領以圓型領較恰當，可使臉型看起來柔
　　　和。

(　)288.對鼻出血患者，應使其安靜坐下，上身前傾。

(　)289.為保持化妝用具的清潔，必須選用中性清潔劑輕輕的清
　　　洗污垢。

(　)290.對中暑患者可用濕冷毛巾包裹身體，並澆冷水保持潮濕

或以電風扇直接吹拂患者。

(　　)291.美容從業人員可以將自行製造之化妝品提供顧客使用。

(　　)292.為防止癲癇患者，咬傷舌頭，在患者張開嘴巴時，可將手帕等柔軟物放在他的上下齒列間。

(　　)293.顧客在蒸臉時，美容從業人員不可離開現場。

(　　)294.使用化妝品要詳閱說明書的使用方法及注意事項。

(　　)295.擦鼻影可使鼻樑更加挺直、立體。

(　　)296.唇膏係屬一般化妝品無需向衛生機關申請備查。

(　　)297.販售大陸化妝品是違法之行為。

(　　)298.廠商無故拒絕衛生主管機關之抽查，處新台幣七萬元以下罰鍰。

(　　)299.乳化之化妝品其分子愈小，滲透性愈差。

(　　)300.方形臉是一種額頭窄、下額帶角、顎線呈方形的臉

(　　)301.合法的化妝品只要在包裝上註明有核准輸入之化妝品字號即可。

(　　)302.0.5%陽性肥皂液有特異臭味。

(　　)303.兩眼距離較近者，眼影的修飾重點應放在眼尾部分。

(　　)304.輕微灼燙傷可塗敷醬油或油脂類塗劑以減少疼痛。

(　　)305.圓型臉在雙頰部份宜使用明色調的腮紅修飾。

(　　)306.對於食物中毒患者，可供應水或牛奶後立即催吐。

(　　)307.意外災害的發生原因主要為環境中隱伏的危機所引起。

(　　)308.化學藥品灼傷眼睛時，應讓患者頭側向灼傷那邊，用水從內眼角沖向外眼角。

(　　)309.徹底做好營業場所衛生與個人衛生，可以預防疾病發生、傳染。

(　　)310.紫藥水對輕度燒傷，切割傷口等具有結疤作用，且可用於口腔及粘膜等部位。

(　　)311.使用的化妝品使皮膚產生紅腫、痛癢時，應馬上停止使用並請醫生診治。

(　　)312.晚宴化妝以華麗、高雅的設計較能表現出優雅的風采。

(　　)313.瘦長的臉型宜在臉頰部位以明色粉底修飾，會使臉型看來變得較寬些。

(　　)314.選擇濃密度的假睫毛時會使眼睛看起來自然而且靈活。

(　　)315.化妝設計時對褐色皮膚，粉底宜選用象牙色系。

(　　)316.心肺復甦術是胸外按壓15次，口對口人工吹氣2次，並

每4分鐘檢查脈搏一次。

（　）317.美容業使用之工具毛巾應保持整潔，每次使用後皆應洗
淨並經有效消毒後貯存於整潔櫃內。

（　）318.一般而言，柔軟水是酸性，收斂水是鹼性。

（　）319.化妝品之包裝上應刊載批號或出廠日期。

（　）320.酒精含量高的噴霧性化妝品不可置於高溫易燃處。

（　）321.使用三角巾托臂法時應使手部比肘部高出10～20公分。

（　）322.職業婦女在辦公室裏的妝扮以褐色系列為主，較能表現
出沉著知性的感覺。

（　）323.含有維生素A酸之面霜包裝上應有保存期限以及保存方
法。

（　）324.要想擦出漂亮的眼影，其眼影的使用量，可一次多量的
擦上。

（　）325.臉部的化妝色彩只要自己喜愛即可，無需與服飾搭配。

（　）326.預防接種可增加個人對於疾病的抵抗力，而定期健康檢
查能早日發現疾病早期治療。

（　）327.整流器是一種可將交流電變成直流電。

（　）328.失血2000cc或大動脈出血一分鐘，尚不致對生命構成威

脅。

( )329.眼部化妝的目的主要是增加眼睛的亮麗並有修飾效果。

( )330.美容儀器所使用的電壓若為110V不可與220V插座混淆。

( )331.裝假睫毛的技巧基本上是在裝載之前，宜用睫毛夾適度
　　　　夾翹，再裝上修剪好的假睫毛。

( )332.化妝水可潤濕皮膚，且可調整皮膚的酸鹼度。

( )333.面皰性皮膚宜選擇具殺菌、消炎作用的保養品。

( )334.唇型的描畫方法宜先畫出唇峰，再由嘴角向中央描出輪
　　　　廓。

( )335.基本的眼線畫法是要在眼尾稍為向上描畫。

( )336.使用粉餅時，粉撲要保持乾淨，否則會使粉餅表面變硬
　　　　而不易使用。

( )337.化妝前，應先考慮時間、場合、身份的需要。

( )338.太陽光下的妝扮，選用紅色調的眼影最自然。

( )339.一般鼻影修飾畫出線條的感覺才能夠增加立體感。

( )340.色料的三原色是指紅、黃、藍(青)等三種顏色。

( )341.正三角型的人，粉底的修飾技巧是在額部兩側塗抹明色

粉底，兩頰及下顎部塗抹暗色粉底。

( )342.明度是指色彩的鮮艷度。

( )343.菱型臉粉底的修飾技巧是在上額及顴骨至下顎處擦上明色粉底來修飾。

( )344.隔開粉撲和粉餅的玻璃紙，可預防粉餅變硬不可丟棄。

( )345.化妝品衛生管理機關，在省(市)為省(市)政府衛生處(局)。

( )346.臉長可分成相等的三部分，第一部分是從中央髮際到眉毛，第二部分是從眉毛到唇部，第三部分是唇部到下巴。

( )347.化妝是利用化妝品色彩之深淺(明暗)來修飾臉部，展現出美感。

( )348.圓型臉的人其粉底的修飾技巧是在兩頰側面使用明色的粉底，在上額及下顎使用暗色粉底。

( )349.圓型臉的人，眉型在修飾時應將眉峰修平。

( )350.複方煤餾油酚消毒液，常用濃度為3%。

( )351.晚宴化妝所使用的色彩，主要能夠表現明亮艷麗的宴會效果。

( )352.了解皮膚的性質，是美顏的第一步。

(　　)353.變流器是一種可將直流電變成交流電的裝置。

(　　)354.眼下有黑眼圈想遮掩時，可用蓋斑膏或明色粉底掩飾。

(　　)355.面霜有分層現象，表示品質有問題，不要再使用。

(　　)356.方型臉(角型臉)的粉底修飾技巧是在兩上額角及下顎角
　　　　兩頰處使用明色粉底來修飾。

(　　)357.在皮膚容易乾燥的部位(眼下、嘴四周)按蜜粉時，量要
　　　　多些才會均勻。

(　　)358.酒精又稱乙醇，是一種有效的消毒劑與殺菌劑。

(　　)359.粉餅包裝上無保存期限，表示其保存期限超過三年

(　　)360.疥瘡的病原體是蝨子。

(　　)361.逆三角型臉其粉底的修飾技巧是在額頭部擦上明色粉底
　　　　，下顎擦上暗色粉底來修飾。

(　　)362.呼吸道異物梗塞時，用胸部壓擠法，比腹部壓擠法有
　　　　效。

(　　)363.修容餅可增加色彩和溫暖的感受，產生出陰暗和光亮的
　　　　效果。

(　　)364.嚴重的中風患者，其左右瞳孔會同時縮小。

(　　)365.紫外線可以促進血液循環，並有殺菌作用，對皮膚有利

而無害。

(　)366.真皮中的微血管藉著擴張和收縮的動作，調節血液的流量，讓人體保持一定的體溫。

(　)367.含荷爾蒙成份之化妝品，應列入含藥化妝品管理，其含量並應符合規定限量。

(　)368.豎毛肌的收縮可由意志控制。

(　)369.皮膚表面因有皮脂膜的關係，而呈弱鹼性，較不利於微生物的滋長。

(　)370.皮膚具有良好的吸收能力，任何物質均可輕易進入皮膚而被吸收。

(　)371.明色的粉底是比一般膚色淡的顏色，所以使用後會使臉看起來較削瘦有收縮感。

(　)372.皮膚也可以藉汗液分泌的多寡來調節體溫。

(　)373.經由知覺神經末端皮膚可以對冷熱、觸摸、壓力，疼痛有所反應。

(　)374.乾性皮膚在眼尾處易呈現小皺紋，嚴重時乾燥部分會有脫皮現象。

(　)375.皮膚所需養份是由血液與淋巴的循環來補給。

(　)376.皺紋皮膚是因為真皮內的網狀層之結締纖維及彈性纖維

衰退使皮膚失去彈性所致。

( )377.黑色素細胞分泌黑色素,而白種人與黑種人黑色素的量
是相同。

( )378.皮膚表面的脂肪酸對於某些細菌與黴菌有抑制的作用。

( )379.每蒸發一升的汗可以帶走約540卡路里的體熱。

( )380.汗腺的數目比皮脂腺和體毛更多。

( )381.隨著年歲的增長真皮內纖維組織的彈性逐漸降低,使皮
膚失去彈性,這就是皺紋出現或皮膚下垂的原因。

( )382.正常的有絲分裂與脫皮使皮膚在28天左右即可以更換一
次。

( )383.清潔劑是很普遍的刺激性,非過敏性皮膚炎之因。

( )384.皮膚是人體的最外層器官,與我們的情緒及身體健康皆
極為重要。

( )385.黑色素可保護皮膚、減少紫外線的傷害。

( )386.大汗腺的分佈與小汗腺不盡相同,但其開口與小汗腺一
樣都在皮膚表面。

( )387.皮下組織中包含許多微血管、毛囊、豎毛肌、皮脂腺和
汗腺。

（　）388.紫外線可促進血液循環，晒太陽愈久對皮膚愈好。

（　）389.油性皮膚的人，毛孔粗大明顯，額頭、鼻子部位特別容易脫妝。

（　）390.使用除毛劑時，不必先在一小塊皮膚做試驗。

（　）391.皮膚在缺乏某些維生素和礦物質時，有可能會失去光澤與彈性，甚至於出現種種病症。

（　）392.長「青春痘」的人絕不可用「洗澡用的肥皂」洗臉。

（　）393.膠原質是一種纖維蛋白質，構成表皮中最大的一部份。

（　）394.溫水能使血管擴張，刺激皮膚加速血液循環，使毛孔擴張易於清潔，所以洗臉時宜用溫水。

（　）395.健康皮膚的PH值呈弱鹼性有抵抗細菌的作用。

（　）396.皮膚表面的膚紋路是由許多細小的陷凹及隆起交叉分佈而成，其隆起的部位稱為皮溝。

（　）397.「流汗」是因阿波克蓮汗腺大量分泌而造成皮膚潮濕。

（　）398.真皮層含有大量的彈性纖維與膠原纖維。

（　）399.紫外線照射過量，易使皮膚形成老化現象。

（　）400.表皮內網狀層之膠原纖維及彈性纖維衰退，會使皮膚失去彈性。

(　　)401.面皰皮膚者應少吃油炸類食品，而多攝取蔬菜，水果類的食物。

(　　)402.油性肌膚按摩時可藉由「捏」的動作幫助皮脂的排除。

(　　)403.乾性皮膚及敏感性皮膚，應避免使用酒精含量高的化妝水。

(　　)404.按摩的速度愈快速、有力，愈能達到保養之功效。

(　　)405.嚴重面皰者應用手將面皰擠破再做治療，效果會更好。

(　　)406.皂類洗臉後，肌膚是處於鹼性的狀態中，若不注重洗後的保養，很容易使肌膚變得乾燥。

(　　)407.由內往外的按摩動作是依照顏面的肌肉紋理，所以是正確的。

(　　)408.皮膚清潔程序，是先清除顧客的口紅及眼部化妝。

(　　)409.香水適合擦在體溫較高或脈搏跳動處。

(　　)410.長期使用含有汞或鉛的化妝品，易使皮膚產生、不良後遺症。

(　　)411.含汞或鉛的化妝品可使皮膚白皙可長期安心使用。

(　　)412.黑眼圈可以用漂白劑消除。

(　　)413.乾燥,粗燥皮膚應選擇保濕力高及柔軟度高的保養品。

（　　）414.按摩需順著肌肉的紋理施壓的方向由終止端向起始端。

（　　）415.紫外線照射過量易使肌膚發炎變黑，但並不會使肌膚老化。

（　　）416.熱毛巾敷臉，最重要的就是毛巾的溫度，所以毛巾愈熱愈好。

（　　）417.蒸臉的目的是使毛細孔張開，徹底清除污垢，並使面部的血液循環順暢。

（　　）418.防曬用品每隔適當時間需重新使用一次，以確保防曬之效果。

（　　）419.美容從業人員不宜留長指甲，為顧客保養前，應洗淨雙手。

（　　）420.呼吸道異物梗塞時後的自救法，就是用力將異物咳出。

（　　）421.不論皮膚性質為何按摩的動作與次數，時間都是相同。

（　　）422.正常的角質層會自然新陳代謝，只要適度保養即可。

（　　）423.當肌膚有外傷時不可按摩。

（　　）424.暫時性硬水經煮沸可成為適合洗臉的水質。

（　　）425.當皮膚不慎接觸到具腐蝕性化學物質時，最好立即以大量的牛奶或茶沖洗，可減少皮膚上的殘留。

（　）426.皮膚的性質完全決定於先天之遺傳，與後天環境無關。

（　）427.「青春痘」不論長得多嚴重，只要常常「做臉」就會好，不必去看醫生。

（　）428.皮膚過敏紅腫，可以做按摩幫助皮膚回復正常。

（　）429.PH值小於7是酸性，數值愈大酸性愈強。

（　）430.當皮膚受到紫外線照射的時後，它會增加黑色素細胞，以吸收紫外線防止其侵入深層。

（　）431.美容從業人員進行按摩動作，應保持上半身挺直的姿勢，可防止工作疲勞。

（　）432.皮膚保養夏季宜加強按摩與敷面，冬季則易缺水，故應加強使用化妝水。

（　）433.有軟化、乳化、溶化作用，能將皮膚上之污垢清除的用品稱之為清潔化妝品。

（　）434.促進毛髮生長之產品係屬化妝品。

（　）435.中性皮膚是正常、理想的皮膚，所以平時可不注意保養的重要。

（　）436.皮脂分泌旺盛易附著灰塵、細菌，而使毛孔受到阻塞。

（　）437.皮膚乾燥時可於皮膚表面噴灑礦泉水，以補充肌膚所需水份。

（　）438.油性肌膚的特徵是紋路柔細，肌膚濕潤有光澤。

（　）439.形成皮脂膜的皮脂約有三分之一是酸性脂肪。

（　）440.化妝品的皮膚試驗是先以少量化妝品塗於手肘內側或耳後，24～48小時後沒有任何不良反應，表示可以安全使用。

（　）441.化妝品之包裝上應有貨物稅完稅憑證，方為合法產品。

（　）442.皮下組織，是皮脂分泌的主要部位，皮下脂肪多，皮膚則呈油性。

（　）443.皮膚保養時，應先判斷皮膚性質，再依膚質來選擇保養品。

（　）444.美容從業人員為顧客按摩時不需了解臉部及頸部之神經中樞點。

（　）445.美容技術士，依法不得從事割雙眼皮、拉皮、小針美容、換膚、隆乳、隆鼻等醫療行為。

（　）446.角質層和游離層的脂肪酸為皮膚主要的化學屏障。

（　）447.輕壓眼部周圍的按摩方式，可以消除眼部的疲勞。

（　）448.皮膚和身體上其他器官組織一樣，一旦發育完成，年紀越大、機能越好。

（　）449.臉部按摩時，施力輕重依部位有所不同。

（　）450.基底層內有黑色素細胞，它所產生的黑色素，會影響皮膚的顏色。

（　）451.顏面肌肉的紋理過於複雜美容從業人員可以不必了解。

（　）452.一般女性的皮下脂肪較男性為厚，因此對熱和冷的抵抗力較強。

（　）453.表皮層中的顆粒層能產生新細胞。

（　）454.按摩霜能促進表皮細胞新陳代謝，消除疲勞，增進血液循環，使肌膚有彈性。

（　）455.表皮中只有顆粒層和基底層能夠進行細胞分裂。

（　）456.乳頭層是由膠原纖維和彈性纖維所構成。

（　）457.指（趾）甲在正常的情況下，其生長可持續終生。

（　）458.油性肌膚按摩須用力並且做的次數要多些。

（　）459.信譽卓著之化妝品製造過程極為嚴謹，故不會引起皮膚病變。

（　）460.皮下組織含有許多的脂肪，此脂肪含量視個人的年齡，性別以及健康狀況，其厚度會有不同。

（　）461.不論皮膚表面皮脂分泌如何，只有油性肌膚才有可能造成敏感皮膚的狀態。

（　）462.晚上睡覺時是皮膚活動最不旺盛的時刻，其新陳代謝也最弱。

（　）463.油性皮膚紋理粗，皮溝深、毛孔明顯，皮丘凹凸較多。

（　）464.含維生素E較多的食物是蕃茄，橘子和青椒。

（　）465.皮脂的成份受到日光照射後會形成維生素D以抗微生物的物質，而成為極佳的微生物障壁。

（　）466.使用皂類洗臉製品時，不可直接將香皂塗抹在臉上應先搓成泡沫再用。

（　）467.皮膚有體溫調節的作用，熱時毛細管會收縮，冷時毛細血管會擴張。

（　）468.皮膚具有保護、感覺、分泌、呼吸、排泄及體溫調節等作用。

（　）469.眼睫毛屬於短毛髮，最主要的功用是增加眼部的美觀。

（　）470.人體汗液的比重約為1.005，酸鹼度在4.5～5.5之間。

（　）471.以洗面刷洗臉，應使用較硬的刷子方能徹底洗淨皮膚。

（　）472.黑色素細胞和基底層的比率大約1：10。

（　）473.女子的體毛過多及過長有可能是身體內在疾病的表現。

（　）474.皮脂膜具有濕潤作用，可防止皮膚乾燥。

（　）475.敏感性皮膚選用鹼性較高的洗面皂來洗臉，不會引發皮膚過敏。

(　)476.正確的按摩必須了解肌肉紋路，才能收到良好的效果。

(　)477.有嚴重的膿皰者，不適合使用磨砂膏，以免刺激患處，情況更趨嚴重。

(　)478.「青春痘」若擠壓不當，容易使症狀惡化或留下疤痕。

(　)479.化妝水的功效是去除污垢、分解蛋白質、是卸妝時的必備品。

(　)480.皮膚具有調節體溫的功能，但受到極端冷、熱時，仍會發生凍傷及燙傷的現象。

(　)481.表皮比真皮厚得多，其內有細胞、纖維、無定形基層，並有血管組織分佈其中。

(　)482.為顧客進行皮膚保養時，即使顧客有化妝亦可直接洗臉不需先卸妝。

(　)483.人體膚色的深淺與黑色素細胞的多寡有關。

(　)484.皮膚是人體中佔最小面積的器官。

(　)485.正確的保養程序及方法可以預防皮膚提早老化的來臨。

(　)486.換膚去角質是美膚的方法之一，應天天施行以促進表皮之再生。

(　)487.老年人毛髮漸稀，是因為毛髮週期縮短，每日脫落頭髮的數目漸增的緣故。

（　）488.為顧客做皮膚保養時，為防止衣領污穢，應幫顧客蓋肩巾以保持清潔。

（　）489.真皮層中含有許多微血管，皮脂腺和汗腺等。

（　）490.食用醬油會使皮膚傷口色素增多而變黑。

（　）491.皮膚的顏色與其厚度及表皮內所含的黑色素有關。

（　）492.表皮的角化過程，由新生至剝落大約是28天。

（　）493.維生素C可以防止皮膚老化和凍瘡。

（　）494.皮膚乾燥的主因是油份過度流失。

（　）495.美髮水、收斂水、化妝水等賦香製品皆是屬於揮發性美容品、美髮劑，對眼睛、皮膚或粘膜都不具有刺激性。

（　）496.黑色素細胞若受到紫外線的強烈刺激時，黑色素的生長會變得較活潑，而使膚色變得較黑。

（　）497.只有油性皮膚的人，才會長滿臉的青春痘。

（　）498.前額部的按摩可防止額部產生橫條皺紋，方法是由上往下滑。

（　）499.皮脂腺之分泌量，會影響身材的胖瘦。

（　）500.狐臭是因艾克蓮汗腺的分泌物在細菌的分解下產生的異臭。

# 丙級學科選擇題

( ) 1. 上、下眼線在眼尾處要拉長的畫法,適合何種眼睛❶圓眼睛❷細小眼睛❸下垂眼睛❹狹長眼睛 。

( ) 2. 長型臉適合的眉型是❶平行的眉型❷有角度的眉型❸下垂的眉型❹上揚的眉型 。

( ) 3. 唇色暗濁,欲改變唇色;可於擦唇膏前使用❶特殊色(黃色或綠色)❷褐色系❸紅色系❹粉紅色系 。

( ) 4. 擦指甲油開始的部位應是 ❶內側❷外側❸中央❹全部一次完成 。

( ) 5. 能使眼睛輪廓更加清晰迷人的是❶眼影❷睫毛膏❸眼線❹眉型 。

( ) 6. 能表現優雅、神秘、女性美的眼影是何種顏色?❶紫色❷咖啡色❸綠色❹橘色 。

( ) 7. 倒三角型臉的人,在下額處應使用何種色調的粉底來修飾?❶明色❷暗色❸基本色❹綠色 。

( ) 8. 為加強眼部立體感,可在眉骨抹上何種眼影?❶暗色❷灰色❸明亮色❹褐色 。

丙級美容師學科證照考試指南

89

（　）9. 正確的眼部化妝，較亮色的陰影顏色是適用於：❶小臉部範圍❷產生陰影效果❸隱藏缺點❹強調臉部範圍　。

（　）10. 會使臉頰顯得豐滿的粉底是❶暗色粉底❷膚色粉底❸明色粉底❹基本色粉底　。

（　）11. 為防止眼影暈開，可在擦眼影之前先在眼睛周圍按擦❶修容餅❷蜜粉❸粉膏❹蓋斑膏　。

（　）12. 要使唇型輪廓更加明顯，且做唇型修飾時，最適宜的化妝品是：❶唇線筆❷唇筆❸油質唇膏❹眼線筆　。

（　）13. 化妝要表現華麗感的時候時，唇膏可以採用❶褐色系❷橘色系❸玫瑰色系❹粉紅色系　。

（　）14. 刷腮紅時，應順顴骨刷帶圓型的是❶正三角型❷方型臉❸圓型臉型❹逆三角型臉　。

（　）15. 在色彩中、黃色的互補色為❶紫色❷綠色❸藍色❹橙色。

（　）16. 化妝要表現青春、活潑感時，眼影可採用❶褐色系❷玫瑰色系❸橘色系❹紫色系　。

（　）17. 不適合用來修飾鼻影的顏色是❶灰色❷咖啡色❸黃色❹褐色　。

（　）18. 粉紅色系的服飾在唇膏的搭配以何種色系為宜：❶橘紅

色系❷褐色系❸咖啡色系❹玫瑰色系 。

( ) 19.依據目前法規,可以不用備查的化妝品是❶香水❷眼影❸唇膏❹敷面霜 。

( ) 20.化妝品的成份中,能夠使油溶性成份密切結合的物質稱之為❶維他命❷荷爾蒙❸界面活性劑❹防腐劑 。

( ) 21.菱型臉的人,在下額處應使用何種色調的粉底來修飾?❶明色❷暗色❸基本色❹綠色 。

( ) 22.可直接用手指擦均勻的化妝品是❶日霜❷蜜粉❸口紅❹化妝水 。

( ) 23.夏季使用具防紫外線且耐汗功能的粉底是❶蜜粉❷粉條❸水粉餅❹粉霜 。

( ) 24.兩眼距離較近,眼影的修飾重點在❶眼頭❷眼中❸眼尾❹眼窩 。

( ) 25.來源不明的化妝品不得販賣或供應,或意圖販賣供應而陳列,違反者;將會受❶物品沒入銷燬❷處新臺幣十萬元以下罰鍰並且將物品沒入銷燬❸處一年以下有期徒刑❹處新臺幣壹萬貳仟元罰鍰 。

( ) 26.正三角型臉的人,在兩頰及下額部應以何種色調的粉底來修飾❶明色❷暗色❸基本色❹綠色 。

( ) 27.蒸臉器正常使用時，噴霧口與顧客臉部距離約保持
❶20❷40❸60❹10 公分。

( ) 28.在色相環中，深藍色是屬於❶暖色❷中間色❸寒色❹無彩
色 。

( ) 29.蒸臉器電熱管生銹時，應以何種液體處理？❶自來水❷汽
油❸酒精❹醋 。

( ) 30.欲將交流電轉變成直流電，要使用：❶轉換插頭❷
整流器❸變壓器❹插座 。

( ) 31.為使裝戴假睫毛看起來較自然，其假睫毛修剪的寬幅最
好是眼睛的❶1/3❷1/2❸稍短❹一樣長 為宜 。

( ) 32.一般保養性乳液中，不得含有下列何種成份？❶類固醇
❷香料❸維他命❹界面活性劑 。

( ) 33.一般所謂化妝品的變質是指❶部份成份發生變化❷顏色發
生變化❸味道發生變化❹以上皆是 。

( ) 34.會引起化妝品變質的原因是❶空氣❷陽光❸黴菌❹以上皆
是 。

( ) 35.選用粉底應依❶膚色❷唇型❸臉型❹鼻型 來選擇。

( ) 36.蒸臉器的用水，必須使用❶自來水❷蒸餾水❸礦泉水❹碳
酸水 。

（　）37.衛生及工業主管機關依法可派員赴化妝品販賣處所檢
查，無故拒絕受檢者，將被處以❶撤銷證照❷處新臺幣壹
萬貳千元❸處新臺幣七萬元以下罰鍰(處一年以下有期徒
刑) 。

（　）38.蒸臉噴霧器具有殺菌、消炎作用，是因噴霧中會有❶雙
氧❷過氧❸臭氧❹酸氧 。

（　）39.拔眉毛時，眉毛要靠近那個部位才能減輕疼痛❶眉頭❷毛
根❸眉尾❹毛端 。

（　）40.台灣地區主要電壓頻率規格是：❶110v/20Hz ❷110
v/60Hz❸220v/50Hz❹110v/50Hz 。

（　）41.正三角型臉的人，在上額部兩側應以何種色調的粉底來
修飾？❶明色❷暗色❸基本色❹綠色 。

（　）42.方型臉的人，在兩上額及下顎角兩頰處應以何種色調的
粉底來修飾❶明色❷暗色❸基本色❹綠色 。

（　）43.混合兩種互不相溶解之液體，一液體均勻分散在另一液
體中，此狀態稱為❶乳化❷硬化❸軟化❹液化 。

（　）44.化妝品成份中具有防止老化並兼具有防止變質的是❶基
劑❷香料❸維他命E❹界面活性劑 。

（　）45.紅色的對比色是❶黃❷綠❸藍❹紫色 。

（　）46.圓型臉的腮紅宜刷何種形狀？❶三角形❷狹長形❸水平線❹圓形　。

（　）47.PH值酸鹼平衡之中性點為❶PH＝0❷PH＝5❸PH＝7❹PH＝14

（　）48.❶軟化劑❷表面作用劑❸乳化劑❹防腐劑　亦稱抗菌劑，可避免一些微生物在產品中滋長。

（　）49.厚的唇型在描畫輪廓時，宜採用何種色調❶濃色調❷淡色調❸淺色調❹亮色調　。

（　）50.取用面霜類化妝品，最方便且衛生的方法是❶直接以手指挖取❷直接倒在顧客臉上❸利用挖杓挖取❹用棉球沾取

（　）51.色彩組合中，利用相同色相、彩度、明度的配色方法稱為❶色彩調和❷對比調和❸類似調和❹統一調和　。

（　）52.乾性皮膚比油性皮膚蒸臉時間為❶較短❷較長❸時間一樣❹無所謂　。

（　）53.日光燈下的化妝，應選擇何種色系為宜？❶咖啡色❷金黃色❸粉紅色❹灰色　。

（　）54.蜜粉取用時，下列何者不宜？❶直接以粉撲沾❷倒在盒蓋後沾取❸倒在紙上後沾取❹倒在手心後沾取　。

（　）55.選擇粉底色彩時，應考慮皮膚狀態、季節及❶自己膚色

❷眉型❸眼型❹唇型　　。

（　）56.當蒸臉氣中的水位低於最小容量刻度時，應❶先關電源
再加水❷先加水再關電源❸使用中加水❹繼續使用　　。

（　）57.宴會妝適合的假睫毛式樣是❶自然型❷濃密型❸稀長型❹
星光型。

（　）58.夏季化妝，粉底選擇時應注意那些特性❶耐水❷耐汗❸防
曬❹以上皆是　　。

（　）59.指甲美化應配合何處之化妝色彩❶眼影❷口紅❸眼線❹睫
毛　　。

（　）60.電阻的單位是❶安培❷伏特❸歐姆❹千瓦　　。

（　）61.基本腮紅刷法，由太陽穴通過眼睛下方到耳下刷成那種
形狀：❶長形❷圓形❸三角形❹水平線　　。

（　）62.化妝品使用過後，如有皮膚炎、發癢、紅腫、水泡等情
況發生❶應立即停止使用❷立刻換品牌❸用大量化妝水來
濕布❹用大量裝收斂水來濕布　　。

（　）63.要表現鼻樑的高挺，鼻樑中央部位宜採用❶灰色❷褐色❸
膚色❹白色　　。

（　）64.標準眼長的比例，應是臉寬的幾分之幾？
❶1/3❷1/2❸1/4❹1/5　　。

( ) 65.理想的眉型，眉頭應在❶嘴角的直上方❷眼頭的直上方❸鼻頭的直上方❹眼頭的外側　　。

( ) 66.長型臉在畫眉毛時，眉峰應❶畫高❷畫低❸以平直為準❹畫圓型　　。

( ) 67.筆狀色彩化妝品最衛生的使用方法是❶當天消毒❷使用前，後消毒❸使用前消毒❹使用後消毒　　。

( ) 68.蒸臉器使用時，第一步驟是插插頭，第二步驟是❶打開臭氧燈❷打開電源❸打開照明燈❹打開放大鏡　　。

( ) 69.上、下眼線在眼尾處拉長，可使眼睛顯得❶較大❷較小❸較細長❹較圓　　。

( ) 70.面皰性皮膚較中性皮膚蒸臉時間宜：❶縮短❷延長❸不變❹無所謂　　。

( ) 71.電流的單位是：❶歐姆❷伏特❸千瓦❹安培　　。

( ) 72.急救時應先確定❶自己沒有受傷❷患者及自己沒有進一步的危險❸患者沒有受傷❹患者有無恐懼　　。

( ) 73.蒸臉器中，水的添加應：❶高於最大容量刻度❷低於最大容量刻度❸低於最小容量刻度❹無所謂　　。

( ) 74.任何臉型、任何年齡都適合的眉型是：❶弓型眉❷短型眉❸標準眉❹箭型眉　　。

（　）75.欲表現剛強個性眉型設計最好採用❶標準型❷直線型❸箭
　　　　眉型❹角度型　　。

（　）76.一安培等於多少毫安培：❶10毫安培❷100毫安❸1000毫
　　　　安培❹10000毫安培　　。

（　）77.下列何者不是修眉的用具❶刀片❷尖頭剪刀❸圓頭剪刀❹
　　　　眉鋏（鑷子）　　。

（　）78.粉條的取用，下列何者為宜❶直接塗在臉上❷以手指沾
　　　　取❸用括棒取出❹用海棉沾取使用　　。

（　）79.蒸餾水是常壓下以加溫至幾度時所蒸餾而得的水❶70℃
　　　　❷100℃❸1150℃❹200℃　　。

（　）80.長型臉的人，腮紅宜採何種修飾❶三角型❷橫向❸圓型❹
　　　　長條型　　。

（　）81.下列何種光線宜採用粉紅系化妝❶太陽光❷電燈光❸日光
　　　　燈❹燭光　　。

（　）82.方型臉在服飾方面應選擇❶大的領口❷窄的領口❸U型領
　　　　❹高型領　　。

（　）83.顧客有觸電感覺時，美容人員應❶沒有關係不必理會❷感
　　　　緊切斷電源❸用手將顧客移開❹拿濕毛巾將他包起來　　。

（　）84.正三角型的上唇應描❶低些❷高些❸平些❹尖些　　。

（　）85.美容從業人員在化妝設計前為求設計完美，最好的工作
原則是❶技術者個人喜好❷顧客個人喜好❸模仿流行❹與
顧客互相溝通　。

（　）86.服裝宜採船型領的臉型是❶方型臉❷圓型臉❸三角型臉❹
長型臉　。

（　）87.在明暗基準的中心軸分組中，以何種顏色最暗？❶紅❷
橙❸黃❹紫　。

（　）88.塗用指甲油時，應❶來回塗抹❷由甲根向甲尖塗抹❸由甲
尖往甲根塗抹❹左右來回塗抹　。

（　）89.在色相環中，以何種顏色最明亮❶紅❷綠❸黃❹藍　。

（　）90.說服顧客購買產品時，最好的方式❶誇大商品功效❷批評
產品品質❸親切的服務❹強迫推銷　。

（　）91.正三角型臉的唇型適宜的設計是❶以薄為原則❷唇峰宜採
尖型❸下唇較厚❹上唇稍描高　。

（　）92.職業婦女的造型典範不應有❶秀麗端莊的裝扮❷妖豔華麗
的化妝❸深具智慧的言談❹整齊大方的儀容　。

（　）93.欲使圓型臉稍拉長，服裝衣領宜選用❶圓形領❷船形領❸
高領荷葉邊❹V形領　。

（　）94.表現青春、活潑的設計，色彩宜採用❶明朗、自然柔和

的色彩❷較暗淡的色彩❸較濃艷的色彩❹華麗的色彩。

（　）95.皮膚白晰者可選❶粉紅色❷深膚色❸咖啡色❹白色　的粉底。

（　）96.自然且近於膚色的粉底是❶明色❷基本色❸暗色❹白色。

（　）97.要表現年輕、活潑的眉型是❶短而平穩的眉型❷有角度眉❸細而彎的眉型❹下垂眉　。

（　）98.穿著紅色或橙黃色的服裝，為使色彩一致，眼影宜選用❶紫色❷褐色❸綠色❹藍色　。

（　）99.橫向的腮紅可使臉型看起來較為❶長❷短❸窄❹瘦　。

（　）100.方型臉在上額角、下額角及兩頰處加以修飾，使輪廓柔和可採用❶明色粉底❷暗色粉底❸膚色粉底❹綠色粉底

（　）101.運用髮型、服裝、化妝，再用配飾做設計稱之為❶工業設計❷造型設計❸服裝設計❹材料設計　。

（　）102.選擇粉底的顏色是將粉底與何者部位膚色比對❶額頭❷眼皮❸手心❹下顎　。

（　）103.遇有訪客需引導時接待者與訪客行進時的位子❶引導者在前，訪客在後❷引導者在後，訪客在前❸兩者並行❹隨意　。

(　) 104.顧客保養時，隨身首飾最好是❶為顧客取下❷戴著無妨
❸戴首飾部位勿去碰它❹請顧客取下，並自行保管 　。

(　) 105.為達化妝效果前宜先做❶敷臉❷按摩❸基礎保養❹去角
質 　。

(　) 106.美容從業人員與顧客交談時應❶注視對方❷左顧右盼❸
嚼口香糖❹大聲說話 　。

(　) 107.對待顧客的態度最忌❶熱誠的服務❷溫馨的微笑❸漠不
關心不耐煩❹輕聲細語 　。

(　) 108.敏感性皮膚較中性皮膚蒸臉時間宜❶縮短❷延長❸不變
❹無所謂 　。

(　) 109.黑眼圈、眼袋，在撲粉前，必須先在眼圈周圍按壓上❶
粉紅色❷象牙白❸咖啡色❹巧克力色 　之粉底。

(　) 110.美容從業人員在工作上應避免的事項是❶準時上班❷高
上的品德❸背後論人長短❹端莊的儀表 　。

(　) 111.穿著黃色或黃綠色的服裝，為使色彩一致，口紅宜選用
❶桃紅色❷粉紅色❸玫瑰色❹橘色 　。

(　) 112.美容師的証書、執照等，應❶放置在辦公桌內❷給每位
顧客看，以為證明❸陳列在顯著處❹放在家中 　。

(　) 113.顧客有抱怨及牢騷時，應以何種態度來處理？❶不屑的

態度❷無理的態度❸誠懇的態度❹不理不睬的態度　　。

( 　) 114.顧客的手飾與皮包應放在❶顧客看得見的地方❷工作檯上❸顧客專用櫃裡❹按摩椅上　　。

( 　) 115.宴會妝的明亮冷豔表現，眼部化妝色彩宜採用❶粉紅色❷咖啡色❸寶藍色❹黃色　　。

( 　) 116.顧客的抱怨與不滿，美容從業人員應迅速處理並且❶不偏頗❷輕視❸潦草收場❹態度只求息事寧人　　。

( 　) 117.無彩色除了白與黑之外還包括❶綠❷灰❸黃❹紅　　。

( 　) 118.PH值的分級，共分❶1～14級❷0～14級❸1～20級❹0～20級　　。

( 　) 119.最理想的臉型是❶鵝蛋臉❷長型臉❸方型臉❹圓型臉　　。

( 　) 120.圓型臉的眉型應畫成❶直線眉❷有角度眉❸短眉❹下垂眉　為宜　　。

( 　) 121.淡妝唇膏色彩可依個人喜愛選用，最適合的色彩是❶鮮紅色❷淺粉紅色❸玫瑰色❹暗褐色　　。

( 　) 122.能給人可愛感印象的眉型是❶眉毛較長❷眉毛較短❸眉弓較高❹兩眉較近　　。

( 　) 123.眉峰提高可使臉型看起來較❶長❷圓❸寬❹扁　　。

（　）124. 為表現理智而具有個性的造型，眉毛宜畫成❶角度眉❷弓型眉❸平凡眉❹下垂眉　。

（　）125. 美容從業人員不可為顧客從事的服務是❶化妝❷皮膚保養❸隆鼻❹手足美化　。

（　）126. 參加宴會時，粉底宜選擇❶粉紅色系❷褐色系❸黃色系❹咖啡色系　可使肌膚顯得白皙。

（　）127. 美容從業人員之舉止應❶使用俚語、暗語❷批評同事手藝❸論人長短、譏笑他人❹溫文有理並尊重他人的感覺及權利　。

（　）128. 適合乾性皮膚的化妝是❶水化妝❷油性化妝❸濃妝❹粉化妝　。

（　）129. 擦粉底的化妝用具是❶粉撲❷海棉❸化妝紙❹化妝棉　。

（　）130. 水化妝所用的粉底❶粉霜❷水粉餅❸粉條❹粉蜜　。

（　）131. 對於初次學化妝的人❶水化妝❷油性化妝❸濃妝❹粉化妝　最為適合。

（　）132. 美容從業人員應避免的個性是❶孤僻❷自信❸友愛❹樂觀進取　。

（　）133. 從眉頭抹至鼻翼的鼻影擦法、適合❶短鼻❷長鼻❸塌鼻❹小鼻　。

(　) 134.夏季化妝欲表現出健美的膚色粉底可選擇❶象牙白❷粉紅色系❸褐色系❹綠色系　。

(　) 135.用來擦油性粉底能使化妝勻稱的用具是❶海棉❷化妝棉❸修容刷❹眼影刷　。

(　) 136.表現少女的青春、活潑、眼部化妝色彩宜採用❶寶藍色❷咖啡色❸深紫色❹橙色　。

(　) 137.濃妝的假睫毛宜選擇❶濃密型❷稀長型❸自然型❹交叉型　。

(　) 138.簡易的補妝法，粉底宜採用❶粉條❷水粉餅❸粉餅❹粉霜　。

(　) 139.膚色偏黃者，應避免選用❶橙色系❷玫瑰色系❸紅色系❹紫色系　的口紅。

(　) 140.腮紅通常刷在何處？❶兩頰❷眉骨❸下巴❹下顎　。

(　) 141.淡妝粉底的顏色宜選擇❶象牙白❷深棕色❸比膚色紅一點❹與膚色相同　。

(　) 142.紅色與橙色的關係是❶對比色❷互補色❸類似色❹粉紅色　。

(　) 143.能表現理智與練達的眼影色彩是❶藍色❷褐色❸紅色❹粉紅色　。

( ) 144.白天外出為表現出自然感化妝的眼影宜選擇❶金黃色系
❷紅色系❸紫色系❹藍色系　。

( ) 145.正三角型臉腮紅的修飾最好順著顴骨刷成❶圓形❷直線
形❸狹長形❹三角形　。

( ) 146.帶給臉色紅潤，美化膚色，並具修飾臉型效果的是❶蜜
粉❷眼影❸眼線❹腮紅　。

( ) 147.在色相環中，屬於暖色系的顏色有❶青紫、青、青綠
❷紅、橙、黃❸黑、灰、白❹黃綠、青紫、紫色　等。

( ) 148.適合大或圓眼睛的眼線畫法是❶眼睛中央描粗❷眼頭包
住❸上眼尾的眼線向下畫❹上、下眼線在眼尾處要拉長

( ) 149.修眉時，以夾子拔除多餘眉毛應❶順❷逆❸垂直❹傾斜
45度　毛髮方向　。

( ) 150.百日咳之傳染源為患者的❶排泄物❷嘔吐物❸分泌物❹
尿液、糞便　。

( ) 151.明亮的色彩，會給人何種感覺？❶遠而狹小❷近而狹
窄❸近而寬大❹遠而寬大　。

( ) 152.為顧客裝戴假睫毛時，顧客眼睛宜❶緊閉❷往上看❸平
視❹往下看　會較容易裝戴。

( ) 153.宴會妝適合的假睫毛式樣是❶自然型❷濃密型❸稀長型

❹星光型 。

（　）154.無彩色就是指❶紅、橙、黃❷黑、灰、白❸青紫、青、
青綠❹黃、綠、紫　色等。

（　）155.霍亂的病源體是一種❶桿菌❷弧菌❸球菌❹立克次氏體

（　）156.傷寒的病源體是一種❶桿菌❷弧菌❸球菌❹立克次氏體

（　）157.使用陽性肥皂液消毒時，機具須完全浸泡至少多少時間
以上？❶十分鐘❷二十分鐘❸二十五分鐘❹三十分鐘 。

（　）158.使用酒精消毒時，機具須完全浸泡至少多少時間以上？
❶10分鐘❷15分鐘❸20分鐘❹25分鐘 。

（　）159.盥洗設備適用下列那種消毒法？❶紫外線消毒法❷酒精
消毒法❸煮沸消毒法❹氯液消毒法 。

（　）160.使用氯液消毒法時，機具須完全浸泡至少多少時間以
上？❶二分鐘❷五分鐘❸十分鐘❹二十分鐘 。

（　）161.圓型臉的人，在上頰及下巴處應以何種色調的粉底來修
飾？❶明色❷暗色❸基本色❹綠色 。

（　）162.使用煤餾油酚肥皂液消毒時，機具須完全浸泡至少多少
時間以上？❶10分鐘❷15分鐘❸20分鐘❹25分鐘 。

（　）163.蒸氣消毒箱內之中心溫度需多少度以上殺菌效果最好？

❶80℃❷70℃❸60℃❹50℃     。

（　）164.消毒液鑑別法，煤餾油酚在味道上為❶無味❷特異臭
味❸特異味❹無臭　。

（　）165.最簡易消毒法為❶煮沸消毒法❷蒸器消毒法❸紫外線消
毒法❹化學消毒法　。

（　）166.玻璃杯適用下列那種消毒法？❶蒸器消毒法❷酒精消毒
法❸紫外線消毒法❹氯液消毒法　。

（　）167.消毒液鑑別法，煤餾油酚在色澤上為❶無色❷淡乳色❸
淡黃褐色❹淡紅色　。

（　）168.理想的化妝品應是❶中性❷弱酸性❸弱鹼性❹強酸性　。

（　）169.愛滋病的敘述，下列何者錯誤？❶在1981年才發現的傳
染病❷被感染的人免疫力不會降低❸ 避免與帶源者發生
性行為❹帶源者不可捐血，捐器官以免傳染給他人　。

（　）170.肺結核的預防接種為❶沙賓疫苗❷卡介苗❸免疫球蛋
白❹三合一混合疫苗　。

（　）171.性病檢查是做❶X光檢查❷桿菌檢查❸病毒檢查❹血清檢
查　。

（　）172.梅毒傳染途徑為：❶接觸傳染❷空氣傳染❸經口傳染❹
病媒傳染　。

（　）173.愛滋病的病源體為❶葡萄球菌❷鏈球菌❸人類免疫缺乏
　　　　　病毒❹披衣菌　　。

（　）174.檢查有無脈搏，成人應摸❶肱動脈❷動脈❸股動脈❹頸
　　　　　動脈　　。

（　）175.紫外線消毒箱內其照明強度至少要達到每平方公分85微
　　　　　瓦特的有效光量，照射時間至少要❶5❷10❸15❹20
　　　　　分鐘以上　　。

（　）176.第二次感染不同型之登革熱病毒❶不會有症狀❷症狀較
　　　　　第一次輕微❸會有嚴重性出血或休克症狀❹已有免疫力
　　　　　，故不會再感染　　。

（　）177.煤餾油酚消毒劑其有效殺菌濃度，對病源體的殺菌機轉
　　　　　是造成蛋白質❶變性❷溶解❸凝固❹氧化　　。

（　）178.陽性肥皂液與何種物質有相拮抗的特性，而降低殺菌效
　　　　　果❶酒精❷氯液❸肥皂❹煤餾油酚　　。

（　）179.壓背舉臂法與壓胸舉臂法，應多久做一次❶15秒❷10
　　　　　秒❸5秒❹1秒　　。

（　）180.細菌的基本構造，在菌體最外層為❶細胞膜❷細胞質❸
　　　　　細胞壁❹DNA　　。

（　）181.香港腳是由下列何者所引起的？❶黴菌❷細菌❸球菌❹
　　　　　病毒　　。

（　）182.紫外線消毒箱內之燈管須採用波長為❶200～240❷240～280❸280～310❹310～410　nm之規格最佳　　。

（　）183.日光之所以具有殺菌能力，因其中含有波長在❶300～410❷300～200❸200～100❹100～50　nm的紫外線。

（　）184.化學藥劑灼傷眼睛在沖洗時應該❶健側眼睛在下❷緊閉眼睛❸兩眼一起沖洗❹傷側眼睛在下　　。

（　）185.下列那一種消毒法是屬於化學消毒法？❶蒸氣消毒法❷紫外線消毒法❸煮沸消毒法❹陽性肥皂液消毒法　　。

（　）186.下列那一種消毒法是屬於物理消毒法？❶陽性肥皂液消毒法❷蒸氣消毒法❸酒精消毒法❹複方煤餾油酚肥皂液消毒法　　。

（　）187.霍亂預防最積極有效的方法為❶霍亂疫苗接種❷殺死瘋狗❸改善環境衛生❹避免到公共場所　　。

（　）188.流行性感冒是一種❶上呼吸道急性傳染病❷上呼吸道慢性傳染病❸下呼吸道急性傳染病❹下呼吸道慢性傳染病

（　）189.瘧疾之病源體為❶原生蟲❷病毒❸細胞❹黴菌　　。

（　）190.俗稱黑死病指❶斑疹傷寒❷鼠疫❸白喉❹狂犬病　　。

（　）191.恙蟲病的病源體為❶病毒❷細菌❸立克次氏體❹原生病

(　) 192.恙蟲病的恙蟲寄生在❶野鼠❷蚊子❸蠅❹蝨子　。

(　) 193.氯液消毒法是運用氯的何種能力？❶氧化作用❷蛋白質凝固作用❸蛋白質變性作用❹蛋白質溶解作用，破壞其新陳代謝機轉，致病源體死亡　。

(　) 194.下列何者不是急性呼吸系統傳染病？❶流行性腦脊髓膜炎❷猩紅熱❸肺炎❹傷寒　。

(　) 195.短期內可使皮膚變白，但毒性會侵襲腎臟的化妝品是含有❶荷爾蒙❷光敏感劑❸苯甲酸❹汞　。

(　) 196.登革熱之病源體有❶一型❷二型❸三型❹四型　。

(　) 197.霍亂在台灣光復後曾發生兩次流行，第一次在❶1946年❷1956年❸1936年❹1926年　。

(　) 198.狂犬病病毒存在已受感染動物的❶唾液中❷分泌物中❸嘔吐中❹排泄物中　。

(　) 199.化妝品體積過小，無法在容器上或包裝上依法詳細標示應載項目時，應記於❶標籤❷仿單❸商標❹不必記載　。

(　) 200.金屬製品的剪刀、剃刀、剪髮機等，切忌浸泡於❶氯液❷熱水❸複方煤餾油酚❹酒精中，以免刀鋒變鈍　。

(　) 201.口對口人工呼吸法，成人每幾秒鐘吹一口氣？❶5秒❷10秒❸15秒❹1秒　。

（　）202.營業場所之瓦斯熱水器應安裝在❶室內❷室外❸洗臉臺上方❹牆角　。

（　）203.蝨蟲的病源體為❶蝨子❷蚊蟲❸蒼蠅❹疥蟲　。

（　）204.陽性肥皂液消毒劑，其有效殺菌濃度為❶0.1～0.5%❷0.5～1%❸1～3%❹3～6%　之陽性肥皂苯基氯卡銨

（　）205.用三角巾拖臂法，其手部應比手肘高出❶1～2公分❷3～4公分❸7～8公分❹10～20公分　。

（　）206.每年一次胸部X光檢查，可發現有無❶肺結核病❷癲病❸精神病❹愛滋病　。

（　）207.水與油要藉由何種物質才能均勻混合：❶乳化劑❷防腐劑❸消炎劑❹黏接劑　。

（　）208.下列那一種不是化學消毒法？❶漂白水❷酒精❸紫外線❹來蘇水。

（　）209.具有美化膚色效果的化妝品為❶眼影❷眉筆❸唇線筆❹粉底　。

（　）210.當四支動脈大出血，用其他方法不能止血時，才❶直接加壓止血法❷止血點止血法❸昇高止血法❹止血帶止血法　。

（　）211.可用肥皂及清水或用優碘洗滌傷口及周圍皮膚者為❶輕

傷少量出血之傷口❷嚴重出血的傷口❸頭皮創傷❹大動
脈出血 。

( ) 212. 販賣、供應大陸製造的化妝品，係違反❶藥物傷害管理
法❷化妝品衛生管理條例❸商品標示法❹公平交易法 。

( ) 213. 異物梗塞時，不適用腹部擠壓法者為：❶肥胖者及孕婦
❷成年人❸青年人❹兒童 。

( ) 214. 化妝品的保存期限❶視製造廠之技術有所不同❷由衛生
署視產品別統一訂定❸由公會統一制定 ❹相同產品即有
相同的保存期限 。

( ) 215. 胸外按壓的速率為每分鐘❶150次❷80～100次❸50
次❹12次 。

( ) 216. 下列何者情況可給予熱飲料或食鹽水❶腹部有貫穿傷者
❷須接受麻醉治療者❸神智不清者❹意識清醒者 。

( ) 217. 可用來固定傷肢，包紮傷口，亦可充當止血帶者為❶膠
布❷三角巾❸棉花棒❹安全別針 。

( ) 218. 使用含汞化妝品有害健康會造成❶皮膚白皙❷皮膚細
嫩❸皮膚光滑❹皮膚中毒 。

( ) 219. 白喉預防應接種❶沙賓疫苗❷沙克疫苗❸三合一混合疫
苗❹卡介苗 。

（　）220.後天免疫缺乏症候群最早何時發現❶1971年❷1975年❸1981年❹1985年　。

（　）221.意外災害引起的死亡，一直居高台灣地區十大死亡原因的第❶一位❷二位❸三位❹四位　。

（　）222.最常用且最有效的人工呼吸法為❶壓背舉臂法❷口對口人工呼吸法❸壓胸舉臂法❹按額頭推下巴　。

（　）223.癩病的病源體為❶原生蟲❷病毒❸球菌❹分支桿菌　。

（　）224.胸外按壓與人工呼吸次數的比例為❶5：1❷10：1❸10：2❹15：2　。

（　）225.黃熱病的傳染媒介為❶蝨子❷疥蟲❸埃及斑蟲❹三斑家蚊　。

（　）226.根據統計，近年來意外災害引起的死亡，高居台灣地區十大死亡原因的❶第三位❷第四位❸第五位❹第六位　。

（　）227.染髮劑、燙髮劑、清潔劑或消毒劑灼傷身體時，應用大量清水沖洗灼傷部位❶1分鐘❷5分鐘❸10分鐘❹100分鐘以上　。

（　）228.挫傷或扭傷後，應施以❶止血點止血法❷止血帶止血法❸冷敷止血法❹昇高止血法　。

（　）229.未依規定申請備查而製造一般化妝品者，處新台幣❶二

十萬元❷十五萬元❸十萬元❹五萬元　以下罰鍰。

（　）230.經公告免予申請備查之一般化妝品，其包裝可以無須標示❶備查字號❷廠名❸廠址❹成份　。

（　）231.化妝品包裝上可無須刊載的是❶品名❷廠名❸廠址❹規格　。

（　）232.胸外按壓的壓迫中心為❶胸骨下端1/3處❷胸骨中段❸胸骨劍突❹肚臍　。

（　）233.流行性感冒是由那一種病源體所引起的疾病？❶病毒❷細菌❸黴菌❹寄生蟲　。

（　）234.供應來源不明的化妝品，處新台幣❶二十❷十五❸十❹五　萬元以下罰鍰。

（　）235.開放性肺結核最好的治療為❶預防接種❷隔離治療❸避免性接觸❹接種卡介苗　。

（　）236.加熱會使病源體內蛋白質❶凝固作用❷氧化作用❸溶解作用❹變性作用，破壞其新陳代謝；最後導致病源體死亡　。

（　）237.肺結核是由那一類病源體所引起的疾病？❶病毒❷細菌❸黴菌❹寄生蟲　。

（　）238.粉底的選擇應考慮季節，乾性皮膚冬季最適宜的粉底是❶粉霜❷粉蜜❸粉條❹粉餅　。

（　）239.販賣、供應101毛髮再生精，係違反❶藥物藥商管理法
❷化妝品衛生管理條例❸商品標示法❹公平交易法　。

（　）240.急性心臟病的典型症狀為❶頭痛眩暈❷知覺喪失，身體
一側肢體癱瘓❸呼吸急促和胸痛❹臉色蒼白，皮膚濕冷

（　）241.一氧化碳中毒之處理是❶給喝蛋白或牛奶❷給喝食鹽
水❸將患者救出上風處，並鬆解頸部衣扣❹採半坐臥姿
勢　。

（　）242.移動傷患之前，應先❶做人工呼吸❷驅散圍觀人員❸將
骨折及大創傷部位包紮固定❹消除患者恐懼心理　。

（　）243.美容業營業場所外四周❶一公尺❷二公尺❸三公尺❹四
公尺　內及連接之騎樓人行道要每天打掃乾淨。

（　）244.化妝品儘可能保存在❶0℃❷10℃❸25℃❹35℃以下之環
境中　。

（　）245.殺滅致病微生物（病原體）之繁殖型或活動型稱❶防腐
❷消毒❸滅菌❹感染　。

（　）246.下列那一種是最好的飲用水？❶泉水❷河水❸雨水❹自
來水　。

（　）247.影響病原體生長的物理條件，下列合者是錯誤？❶溫、
濕度❷酸鹼度、滲透壓❸氧氣、光線❹蛋白質、脂肪。

(　) 248.使用陽性肥皂液浸泡消毒時，需添加多少濃度亞硝酸納
❶0.5%❷0.3%❸0.2%❹0.1%　可防止金屬製品受腐
蝕而生銹。

(　) 249.下列何者機具不適合用煮沸消毒法消毒❶剪刀❷玻璃杯
❸塑膠夾子❹毛巾　。

(　) 250.會引起人體生病的微生物稱為❶帶原者❷帶菌者❸病原
體❹病媒　。

(　) 251.紫外線消毒法為一種❶物理消毒法❷化學消毒法❸超因
波消毒法❹原子　。

(　) 252.紫外線消毒法之紫外線消毒箱內之燈管須採用功率❶ 20
❷15❸10❹5　瓦特　。

(　) 253.國內製造的化妝品，其品名、標籤、仿單及包裝等刊載
之文字，應以❶中❷英❸法❹日　文為主。

(　) 254.防曬劑的包裝可以無❶許可字號❷廠名❸廠址❹規格　。

(　) 255.幼童誤食化妝品，應讓他飲下大量的❶咖啡❷檸檬汁❸
木瓜汁❹牛奶或開水　來稀釋　。

(　) 256.化妝品存放，應注意勿放置於陽光直接照射或下列那種
場所？❶室溫場所❷高溫場所❸臥室抽屜理❹辦公室抽
屜內　。

（　）257.化妝水類的保養品，其使用方法是以❶海棉❷化妝紙❸化妝棉❹粉撲　沾取使用　。

（　）258.微鹼性的化妝水也可稱為❶柔軟性化妝水❷收斂性化妝水❸營養化妝水❹面皰化妝水　。

（　）259.取用化妝品時，為避免沾污化妝品，因此使用前；務必❶辨識商標❷雙手洗淨❸搖動商品❹多量取用　。

（　）260.顧客使用化妝品產生嚴重症狀時，應❶請顧客用清水洗淨即可❷用儀器治療❸請醫生治療❹以化妝水輕拍皮膚

（　）261.A型肝炎之傳染源為：❶三斑家蚊❷白線斑蚊❸病人之糞便❹病人飛沫　。

（　）262.傷風係指❶百日咳❷肺結核❸傷寒❹感冒　之疾病　。

（　）263.胸外按壓應兩臂垂直用力往下壓❶9～10公分❷7～8公分❸4～5公分❹1～2公分　。

（　）264.下列何者為外傷感染之傳染病❶肺結核❷破傷風❸流行性感冒❹百日咳　。

（　）265.工作時戴口罩，主要係主斷那一種傳染途徑？❶接觸傳染❷飛抹或空氣傳染❸經口傳染❹病媒傳染　。

（　）266.預防登革熱的方法，營業場所插花容器及冰箱底盤應❶一週❷三週❸一個月❹二週洗刷一次　。

（　）267.病原體進入人體後並不顯現病症，仍可傳染給別人使其生病，這種人稱❶病媒❷病原體❸帶原體❹中間寄主 。

（　）268.疥瘡的病源體為❶蝨子❷蚊蟲❸蒼蠅❹疥蟲 。

（　）269.健康的人與病人或帶原者經由直接接觸或間接接觸而發生傳染病稱為❶飛沫傳染❷經口傳染❸接觸傳染❹病媒傳染 。

（　）270.下列何者係由黴菌所引起的傳染病？❶白癬❷痲瘋❸阿米巴痢疾❹恙蟲病 。

（　）271.急性心臟病的處理方式是❶讓患者平躺，下肢抬高20～30公分❷要固定頭部❸以酒精擦拭身體❹採半臥姿勢，立即送醫 。

（　）272.B型肝炎是一種❶急性傳染病❷慢性傳染病❸上呼吸道傳染病❹下消化道傳染病 。

（　）273.依傳染病防治條例規定公共場所之負責人或管理人發現疑似傳染病之人應於多少小時內報告衛生主管機關❶24小時❷48小時❸72小時❹84小時 。

（　）274.接種卡介苗可預防❶霍亂❷肺結核❸日本腦炎❹白喉 。

（　）275.患有淋病之母體，其新生兒於分娩時經過產道感染未予治療可能導致❶啞吧❷眼睛失明❸兔唇❹失聲 。

（　）276.夏季腦炎是指❶日本腦炎❷腦膜炎❸愛滋病❹皰疹　。

（　）277.直接在傷口上面或周圍施以壓力而止血的方法為❶止血點止血法❷直接加壓止血法❸昇高止血法❹冷敷止血法

（　）278.下列化妝品包裝無備查字號是合法的為❶面霜❷肥皂❸粉餅❹唇膏　。

（　）279.砂眼之病原體為❶病毒❷披衣菌❸立克次氏體❹桿菌　。

（　）280.廠商欲宣播化妝品廣告時，應於事前向❶衛生署❷省（市）衛生處（局）❸縣（市）政府❹縣（市）衛生局提出申請　。

（　）281.休克患者的症狀之一是❶兩眼瞳孔放大❷兩眼瞳孔縮小❸兩眼瞳孔一大一小❹沒有改變　。

（　）282.未經領得含藥化妝品許可證而擅自輸入含藥化妝品者，可處❶一❷二❸三❹四　年以下有期徒刑。

（　）283.煮沸消毒法於沸騰的開水中煮至少幾分鐘以上？❶五分鐘❷四分鐘❸三分鐘❹二分鐘　即可達到殺滅致病菌的目的。

（　）284.消毒毛巾使用氯液時，其自由有效餘氯應為❶50 pm ❷100ppm❸150ppm❹200ppm　。

（　）285.輸入的化妝品❶以原裝為限❷可分裝❸可改裝❹可自行

調製 。

（ ）286.稀釋消毒劑以量筒取藥劑時，視線應該❶在刻度上緣位置❷在刻度下緣位置❸與刻度成水平位置❹在量筒注入口位置 。

（ ）287.物理消毒法係指運用物理學的原理達到消毒的目的，以下何者為非？❶光與熱❷幅射線❸超音波❹化學變化 。

（ ）288.化妝品保存時，宜放在❶陽光直射處❷陰涼乾燥處❸冷凍庫❹浴室中 。

（ ）289.能掩蓋皮膚暇疵，美化膚色的化妝製品是❶隔離霜❷化妝水❸粉底❹營養面霜 。

（ ）290.美容從業人員經健康檢查發現有❶開放性肺結核病❷胃潰瘍❸蛀牙❹高血壓 時，應立即停止營業。

（ ）291.對癲癇患者的處理是❶制止其抽搐❷將硬物塞入嘴內❸移開周圍危險物，並將患者嘴巴張開放入手帕等柔軟物❹不要理他 。

（ ）292.美容業營業場所內溫度與室外溫度不要相差❶5℃❷10℃❸15℃❹20℃ 以上。

（ ）293.❶燙髮劑❷染髮劑❸防腐劑❹沐浴劑 係屬一般化妝品。

( ) 294.未經領有工廠登記証而製造化妝品者，可處❶一❷二❸
三❹四　年以下有期徒刑。

( ) 295.化妝品中禁止使用氯氟碳化物（freon），係因它在大氣
層中會消耗❶臭氧❷氧氣❸二氧化碳❹一氧化碳　使得
皮膚受到紫外線的傷害　。

( ) 296.登革熱係屬❶接觸傳染❷經口傳染❸病媒傳染❹飛沫傳
染　。

( ) 297.下列含藥化妝品廣告是違法的❶清潔頭髮❷促進頭髮生
長❸滋潤頭髮❹去頭皮屑　。

( ) 298.任何化妝品均應標示❶保存期限❷出廠日期❸保存方法
❹廠名　。

( ) 299.使用嬰兒爽身粉應❶先倒在手上❷直接灑在屁股上❸直
接灑上身上❹直接灑在臉上　。

( ) 300.後天免疫症候群（愛滋病）的傳染途徑是❶接觸傳染
❷細菌傳染❸病媒傳染❹空氣傳染　。

( ) 301.日本腦炎之傳染源❶白線斑蚊❷環蚊或三斑家蚊❸埃及
斑蚊❹鼠蚤　。

( ) 302.美容從業人員應接受定期健康檢查❶每半年一次❷每一
年一次❸每二年一次❹就業時　檢查一次。

(　) 303.酒精的有效濃度，對病原體的殺菌機轉為❶氧化作用❷蛋白質凝固作用❸蛋白質變性作用❹蛋白質溶解作用 。

(　) 304.化妝品係指施於人體外部，以潤澤髮膚，刺激嗅覺，掩飾體臭或❶增進美麗❷修飾容貌❸促進健康❹保持身材之物品 。

(　) 305.硬水的軟化法為❶冷凍❷蒸餾❸靜置❹攪拌 。

(　) 306.腹部擠壓法的施力點為❶胸骨中央❷胸骨下段❸胸骨劍突❹胸骨劍突與肚臍之腹部 。

(　) 307.未經核准擅自分裝輸入化妝品者，處新台幣❶二十❷十五❸十❹五 萬元以下罰鍰。

(　) 308.依化妝品衛生管理條例規定，化妝品包裝必須刊載❶商標❷規格❸成份❹售價 。

(　) 309.液體酸鹼度（ph值）愈低其❶酸性愈強❷酸性愈弱❸鹼性愈強❹鹼性愈弱 。

(　) 310.水質中含有鈣、鎂等雜質的水稱為❶軟水❷硬水❸蒸餾水❹礦泉水 。

(　) 311.對受傷部位較大，且肢體粗細不等時，應用❶托臂法❷八字形包紮法❸螺旋形包紮法❹環狀包紮法 來包紮。

(　) 312.化妝品中❶可以使用0.5%以下❷可以使用0.1%以下❸可以使用1%❹禁止使用硼酸（BORIC Acid） 。

（　）313.登革熱是由那一類病原體所引起的疾病？❶病毒❷細菌
❸黴菌❹寄生蟲　　。

（　）314.指甲油中的溶劑及去光水，易使指甲❶脆弱❷更有光澤
❸鮮豔❹更修長　　。

（　）315.長期使用副腎皮質荷爾蒙的化妝品後，皮膚會❶變褐
❷變紅❸萎縮❹變黑　　。

（　）316.含維生素A之面霜，係用於❶預防面皰❷美白皮膚❸保養
皮膚❹止汗臭　　。

（　）317.下列沐浴用化妝品廣告是合法的為？❶消除關節痛❷治
療皮膚炎❸清潔肌膚❹減肥　　。

（　）318.香水類，如違規使用甲醇代替乙醇（酒精），易導致❶
肝炎❷腎藏衰竭❸視神經變化❹肺炎　　。

（　）319.化妝品的仿單係指化妝品的❶說明書❷容器❸包裝盒❹
標籤　　。

（　）320.牙膏、牙粉係屬❶藥品❷含藥化妝品❸一般化妝品❹日
用品　　。

（　）321.腋臭防止劑在化妝品種類表中，係歸屬❶香水類❷面霜
乳液類❸化妝品類❹護膚用化妝品類　　。

（　）322.下列屬於一般化妝品的為❶防腐劑❷含維生素E之眼影❸

漱口水❹防止黑斑之面霜　　。

（　）323.眉筆在化妝品種類表中，係歸屬❶護膚用化妝品❷眼部
　　　　用化妝品❸香粉類❹頭髮用化妝品類　　。

（　）324.病人常出現黃疸的疾病為❶A型肝炎❷愛滋病❸肺結核❹
　　　　梅毒　　。

（　）325.進口化妝品的包裝可以無❶輸入商號名稱❷輸入商號地
　　　　址❸中文廠名❹成份　　。

（　）326.化學性脫毛劑係屬❶藥品❷含藥化妝品❸一般化妝品❹
　　　　日用品　　。

（　）327.對中風患者的處理方式是：❶給予流質食物❷患者平
　　　　臥，頭肩部墊高10～15公分❸腳部抬高10～15公分❹馬
　　　　上做人工呼吸　　。

（　）328.化妝品衛生管理係由行政院衛生署納入❶醫政❷藥政❸
　　　　防疫❹保健管理　　業務的一環。

（　）329.中風患者的症狀之一是：❶兩眼瞳孔大小不一❷兩眼瞳
　　　　孔放大❸兩眼瞳孔縮小❹沒有改變　　。

（　）330.每一位美容從業人員應有白色（或素色）工作服❶一套
　　　　❷二套❸三套❹不需要　　。

（　）331.地下水用氯液或漂白水消毒，其有效餘氯量應維持在百

萬分之❶0.02～0.15❷0.2～1.5 ❸5～15❹20～150
（PPM）　　。

（　）332.對於神智不清的患者應採❶復甦姿勢❷半坐臥姿勢❸仰
　　　　臥姿勢❹坐姿　　。

（　）333.擦於皮膚上用以驅避蚊蟲之產品，係屬❶藥品❷含藥化
　　　　妝品❸一般化妝品❹環境衛生用藥產品　。

（　）334.防曬劑係屬❶藥品❷含藥化妝品❸一般化妝品❹日用品

（　）335.標示「省衛妝字第0000號」之產品，係指❶藥品❷含藥
　　　　化妝品❸一般化妝品❹衛生用品　　。

（　）336.皮膚可藉由汗腺將汗排出體外的是下列那種功能？❶分
　　　　泌作用❷保護作用❸呼吸作用❹排泄作用　　。

（　）337.正常皮脂膜應呈❶中性❷弱酸性❸弱鹼性❹強鹼性　　。

（　）338.乳房是一種變型的❶皮脂腺❷小汗腺❸頂漿腺❹腎上腺

（　）339.皮膚有體溫調節的作用，受熱時血管會❶擴張❷收縮❸
　　　　散發❹分泌　　。

（　）340.有關皮膚老化所產生的改變，下述何者為錯？❶年紀愈
　　　　大皮膚彈性愈小❷皮膚容易變薄與乾❸皮脂腺的分泌通
　　　　常增加❹指甲生長的速度增加　　。

（　）341.有關皮膚的描述，下列合者為錯？❶皮膚有一群正常生
態的微生物❷在間隙地區有較多的微生物❸細菌在乾燥
地區生長較快❹皮膚的完整性受破壞時，易導致微生物
增殖　　。

（　）342.美容營業場所的光度應在❶50❷100❸150❹200　米燭光
以上　　。

（　）343.艾克蓮汗腺又稱小汗腺分佈於❶全身❷外耳道、腋窩❸
乳暈❹臍部　　。

（　）344.大氣中臭氧層有破洞會造成的症狀是❶感冒❷肝炎❸皮
膚炎❹腸胃炎　　。

（　）345.急速減肥，皮膚易形成❶油性❷面皰❸過敏性❹皺紋　。

（　）346.汗水屬❶中性❷弱酸性❸弱鹼性❹強鹼性　　。

（　）347.皮膚的表面覆蓋著一層膜，稱為皮脂膜，它是由❶汗
液、皮脂❷真皮、表皮❸汗水、污垢❹纖維、皮脂　混
合而成　　。

（　）348.化妝品衛生管理條例，最近一次的修正是於民國❶七十
七年❷七十八年❸七十九年❹八十年　　。

（　）349.雙手最容易帶菌，從業人員要經常洗手，尤其是❶工作
前，大小便後❷工作前，大小便前❸工作前後，大小便
後❹工作後，大小便後　　。

（　）350.紫外線消毒法是❶運用加熱原理❷釋出高能量的光線❸陽離子活性劑❹氧化原理，使病原體的DNA引起變化及不能生長　。

（　）351.皮膚的膠原纖維如失去了柔軟及溶水性，則皮膚會呈何種現象？❶細緻❷柔潤❸皺紋與鬆弛❹健康之狀態　。

（　）352.敏感皮膚的特徵❶易長黑斑、面皰❷易呈現小紅點、發癢❸油份多、水份少❹油份少、水份多　。

（　）353.膠原纖維是存在於下列那一層中？❶表皮層❷基底層❸網狀層❹乳頭層　。

（　）354.人類毛髮的生長週期約為❶2～6週❷2～6天❸2～6月❹2～6年　。

（　）355.皮膚的重量約為體重的❶5/10 ❷15/100 ❸15/1000 ❹15/10000　。

（　）356.下列何者沒有血管的分佈❶表皮層❷真皮層❸皮下組織❹脂肪組織　。

（　）357.正常肌膚一週應專業護膚❶一次❷二次❸三次❹四次。

（　）358.對暈倒患者的處理是❶讓患者平躺於陰涼處，抬高下肢❷用濕冷毛巾包裹身體❸立即催吐❹給予心肺復甦術　。

（　）359.在身體與外界環境之間有角質層充當保護屏障，下列敘

述何者為是？❶角質層是死皮，需要經過磨皮去掉它
❷角質層會自然地日日換新，不必去除它❸角質層是無
核的死細胞，要設法去掉它❹角質層必須靠換膚術才能
除淨死皮　　。

(　) 360.皮膚老化產生皺紋，主要是由於❶真皮層❷皮下組織❸
骨骼內部❹表皮層　組織衰退，失去彈性之故　　。

(　) 361.癩病是一種❶急性傳染性皮膚病❷慢性傳染性皮膚病❸
急性上呼吸道傳染病❹消化道傳染病　　。

(　) 362.敏感性肌膚按摩之力量與時間應該如何較妥？❶輕、長
❷重、短❸重、長❹輕、短　　。

(　) 363.毛髮突出於皮膚表面的部份稱為❶毛囊❷毛幹❸毛根❹
毛球　　。

(　) 364.皮膚的PH值在4-6時，皮膚屬於❶弱酸性❷弱鹼性❸酸性
❹鹼性　　。

(　) 365.皮膚表面之皮脂膜一般為❶鹼性❷中性❸弱酸性❹強鹼
性　　。

(　) 366.發現顧客臉上有一出血及結痂的小黑痣，應如何處理❶
與自己的工作無關，可不予理會❷予以塗抹消炎藥膏❸
想辦法點掉該痣❹告訴顧客找皮膚科醫師診治　　。

(　) 367.敏感性皮膚保養時宜❶多蒸臉、多按摩❷多蒸臉、少按

摩❸少蒸臉、多按摩❹少蒸臉、少按摩　。

（　）368.狐臭是何種腺體的分泌物在細菌的分解下所產生的異
味？❶皮脂腺❷小汗腺❸頂漿腺❹淋巴腺　。

（　）369.油性皮膚保養時宜❶多蒸臉、多按摩❷多蒸臉、少按
摩❸少蒸臉、多按摩❹少蒸臉、少按摩　。

（　）370.角質層中水份的含水量在❶50％-60％❷5％-10％　❸10
％-20％❹70％-80％　　最理想　。

（　）371.能藉著水份分泌及蒸發來散發身體的熱量之構造為❶小
汗腺❷皮脂腺❸大汗腺❹胸腺　。

（　）372.下列何者不是構成真皮的細胞❶纖維母細胞❷組織球、
單核球❸角化細胞❹肥胖細胞　。

（　）373.表皮中最厚的一層，且有淋巴流通者為❶去角質❷透明
層❸基底層❹有棘層　。

（　）374.面皰嚴重的肌膚按摩宜❶每週一次❷每週二次❸每天
做❹不能做　。

（　）375.專業皮膚保養時，應讓顧客採❶蹲著❷躺著❸站著　❹坐
著的姿勢　。

（　）376.下列何種維生素缺乏時，皮脂和汗水的分泌也會衰退❶
維生素A❷維生素B❸維生素C❹維生素D　。

（　）377.皮脂的功用在使皮膚保持❶清潔❷滋潤❸乾燥❹角化　。

（　）378.高油度的營養霜適合❶面皰皮膚❷乾性皮膚❸油性皮膚❹皮脂溢漏　。

（　）379.粉刺之形成，主要是由於❶汗腺❷胃腺❸皮脂腺❹胰島腺　分泌失調所引起的。

（　）380.汗腺與皮脂腺為❶無導管腺體❷內分泌腺體❸有導管腺體❹感覺腺體　。

（　）381.透明層是由何種細胞構成？❶有核細胞❷無核細胞 ❸半核細胞❹核心細胞　。

（　）382.大汗腺（阿波克蓮汗腺）是附在毛囊旁邊的汗腺，通常在那個時期功能最為旺盛？❶幼兒期❷青春期❸中年期❹老年期　。

（　）383.與皮膚的硬度及伸張度有關之組織為❶大汗腺❷汗腺❸彈力及膠原纖維❹脂肪　。

（　）384.皮膚經日光照射可以合成❶葡萄糖❷銨基酸❸維生素D❹脂肪　。

（　）385.真皮的厚度約為❶0.1-1毫米❷0.2-2毫米❸0.3-3毫米❹0.4-4毫米　。

（　）386.表皮層中其細胞會不斷剝落及遞補的是❶透明層❷角質

層❸顆粒層❹黏膜層　　。

（　）387.顆粒層細胞中的顆粒是❶黑色素❷脂質❸角質素❹氣泡

（　）388.小汗腺開口於❶毛囊❷皮膚表面❸豎毛肌❹毛幹　　。

（　）389.下列情況何者最為急迫？❶休克❷大腿骨折❸肘骨骨折
❹大動脈出血　　。

（　）390.表皮之中包含許多❶小神經末端❷血管❸脂肪組織❹皮
下組織　　。

（　）391.防止「青春痘」之發生或症狀惡化，最好的方法是用不
含香料的肥皂洗臉❶每天早上洗臉一次❷每天晚上洗臉
一次❸每天早、晚洗臉一次❹每天洗臉三次以上　　。

（　）392.表皮可分為五層，由外至內依次可分為❶角質層、顆粒
層、透明層、有棘層、基底層❷角質層、透明層、顆粒
層、有棘層、基底層❸角質層、透明層、有棘層、顆粒
層、基底層❹角質層、顆粒層、有棘層、透明層、基底
層　　。

（　）393.由成群而相似的細胞所組成的構造稱為❶器官❷系統❸
組織❹繁殖　　。

（　）394.皮膚中的血管及汗腺可調節體溫使體溫保持在攝氏❶34
度❷30度❸45度❹37度　　。

(  ) 395.皮膚的彈性，與下列何者有關？❶顆粒層所含的油脂
❷角質層所含的水份❸有棘層所含的水份❹基底層所含
的油脂　。

(  ) 396.傷口的癒合，需依賴下列何種細胞的增殖來達成？❶組
織球❷單核球❸肥胖細胞❹纖維細胞　。

(  ) 397.皮膚能行呼吸作用，其呼吸量與肺活量相較約為肺之
❶80%❷10%❸50%❹1%　。

(  ) 398.皮膚不具有的功能是❶消化作用❷呼吸作用❸排泄作
用❹分泌作用　。

(  ) 399.癢覺的皮膚接受器是❶神經末端❷毛囊❸皮脂腺❹小汗
腺　。

(  ) 400.基底層也較做❶角質層❷顆粒層❸有棘層❹生發層　。

(  ) 401.下列何者控制皮膚排出汗液？❶肌肉系統❷循環系統❸
呼吸系統❹神經系統　。

(  ) 402.在大氣層中被臭氧層所吸收，未達地面而對皮膚影響不
大的光線是❶紫外線A❷紫外線B❸紫外線C❹紅外線　。

(  ) 403.就滲透性而言，下列何種動物皮膚與人體皮膚較為相
似？❶豬❷牛❸馬❹羊　。

(  ) 404.皮膚表面雖呈現乾燥狀態，但油份過多，水份極少；毛

孔大紋路不明顯的皮膚是❶乾燥混合性皮膚❷中性混合性皮膚❸乾性皮膚❹乾燥性油性皮膚　　。

（　）405.如果顧客要點掉臉上或身上的黑痣時，應該❶幫他用香燒掉❷用燙髮液燒掉❸請他到外科診所燒掉❹請他給皮膚科醫生檢查　　。

（　）406.表皮層中，下列那一層只分佈在手掌與腳底❶角質層❷顆粒層❸透明層❹基底層　　。

（　）407.真皮層具備的功能有❶製造荷爾蒙❷形成障壁以防止水份和電解質流失❸保護皮膚與指甲❹供給表皮營養　　。

（　）408.存在於腋下大汗腺上，使其產生特殊氣味的多為❶革蘭氏陽性菌❷革蘭氏陰性菌❸皮膚菌❹寄生蟲　　。

（　）409.每蒸發一公升的汗所帶走的體熱約為：❶540Cal（卡路里）❷640Cal（卡路里）❸740Cal（卡路里）❹ 840 Cal（卡路里）　　。

（　）410.病人在毫無徵兆下，由於腦部短時間內血液不足而意識消失倒下者為❶中風❷心臟病❸糖尿病❹暈倒　　。

（　）411.物質在下列何者情況下較易穿透皮膚？❶皮膚溫度降低時❷物質溶解在脂肪性溶劑時❸真皮的水量較少時❹物質溶解在水性溶解時　　。

（　）412.要保持皮膚清潔，洗澡、洗臉時應使用❶牛奶❷茶葉水

❸溫水❹果菜汁　　。

（　　）413.指甲平均每天長出❶0.1mm❷0.01mm ❸0.1cm ❹1mm 　。

（　　）414.健康的指甲呈現❶粉紅色❷紫色❸乳白色❹黃色。

（　　）415.急救的定義：❶對有病的患者給予治療❷預防一氧化碳中毒❸在醫師未到達前，對急症患者的有效處理措施❹確定患者無進一步的危險　　。

（　　）416.皮膚能將外界刺激傳遞至大腦，是因皮膚有❶神經❷血管❸肌肉❹脂肪　　。

（　　）417.按摩的手勢部位是以❶指尖❷指節❸指腹❹掌根為主　。

（　　）418.皮膚所需之營養由❶神經❷肌肉❸血液❹脂肪供應　。

（　　）419.小豆入耳之處理：❶滴入沙拉油❷用燈光照射❸頭側一邊跳一跳❹滴入95%酒精　。

（　　）420.與皮膚的氧化與還原有密切關係的是：❶維生素A❷維生素B群❸維生素C❹維生素D　。

（　　）421.下列何者會增加黑色素的分泌，以吸收紫外線、防止其侵入深層以保護皮膚❶顆粒層細胞❷黑素細胞❸纖維母細胞❹肥胖細胞　　。

（　　）422.來蘇水消毒劑其有效濃度為❶3%❷4%❸5%❹6%　　。

( ) 423.標示「高市衛妝字第0000號」之產品,係屬❶國產含藥化妝品❷輸入含藥化妝品❸國產一般化妝品❹輸入一般化妝品　　。

( ) 424.支配豎毛肌機能的屬於❶感覺神經❷中樞神經❸自主神經❹腦幹　　。

( ) 425.面皰問題皮膚保養時宜❶多蒸臉,多按摩❷多蒸臉,少按摩❸少蒸臉,多按摩❹少蒸臉,少按摩　　。

( ) 426.顧客臉上有黑斑應如何處理?❶「做臉」❷介紹給他(她)使用漂白霜❸告知找皮膚科醫生診治❹依顧客方便,選擇上述處理方法　　。

( ) 427.長「青春痘時」,洗臉宜選用❶含香料的肥皂❷油性洗面劑❸磨砂膏❹刺激性小的肥皂　　。

( ) 428.以下面相中那個部位的肌肉紋理是斜向的❶眼部❷額部❸頰部❹唇部　　。

( ) 429.黑色素可以保護皮膚對抗有害的❶細菌❷壓力❸電流❹紫外線　　。

( ) 430.狐臭產生有關的是❶小汗腺(艾克蓮汗腺)❷皮脂腺❸大汗腺(阿波克蓮汗腺)❹微血管　　。

( ) 431.可行有絲分裂以產生新細胞取代老死細胞的是❶角質細胞❷棘狀細胞❸顆粒細胞❹基底細胞　　。

（　）432.❶輕緩❷強力❸快速❹長時間　　且有節奏之按摩動作
　　　　，是按摩必備的條件　。

（　）433.病患突然失去知覺倒地，數分鐘內呈現強直狀態，然
　　　　後抽搐這是❶癲癇發作❷休克❸暈倒❹中暑　的症狀。

（　）434.如有異物如珠子或硬物入耳，應立即❶滴入95%酒精
　　　　❷滴入沙拉油或橄欖油❸送醫取出❹用燈光照射　。

（　）435.營業衛生管理之中央主管機關為❶省（市）政府衛生
　　　　處（局）❷行政院環境保護署❸行政院衛生署❹內政部
　　　　警政署　。

（　）436.頭部外傷的患者應該採❶仰臥姿勢❷復甦姿勢❸抬高頭
　　　　部❹抬高下肢　。

（　）437.美容從業人員兩眼視力經矯正後應為❶0.1❷0.2❸0.3
　　　　❹0.4　以上　。

（　）438.對腐蝕性化學品中毒的急救是❶給喝蛋白或牛奶後催
　　　　吐❷給喝蛋白或牛奶後，但勿催吐❸給予腹部擠壓❹給
　　　　予胸外按壓　。

（　）439.下列何者不是皮膚的功能？❶分泌❷知覺❸造血❹呼吸

（　）440.大汗腺（阿波克蓮汗腺）分泌異常會引起❶痱子❷濕
　　　　疹❸狐臭❹香港腳　。

（　）441.有關皮脂膜的作用，下列何者錯誤？❶供給皮膚養份❷具有抑菌作用❸潤滑作用❹防止皮膚乾燥　。

（　）442.進口腮紅應有❶一般化妝品❷省衛妝❸高市衛妝❹北市衛妝　字的備查字號。

（　）443.皺紋容易出現在與肌肉紋理❶平行之處❷垂直之處❸重疊之處❹毫無關係　。

（　）444.臉上有化妝，洗臉時❶僅用溫水即可❷直接用洗面皂洗❸使用蒸氣洗臉❹先卸妝再洗臉　。

（　）445.下列何者是造成黑斑的原因？❶服用某些藥物❷使用不當的化妝品❸紫外線照射❹以上皆是　。

（　）446.皮膚之所以有冷、熱等知覺，主要是因為❶毛細血管❷神經❸皮脂腺❹淋巴液　之故。

（　）447.若顧客臉上有嚴重的「青春痘」時，應鼓勵他們❶去看皮膚科醫生❷多來做臉，多加化妝❸擠壓痘痘❹塗抹戰痘化妝品　。

（　）448.體溫經常保持一定狀況，是因皮膚的那項功能❶保護作用❷分泌作用❸調節體溫❹吸收作用　。

（　）449.內部含有血管、神經、皮脂腺等構造的是❶表皮層❷真皮層❸皮下組織❹基底層　。

( ) 450.下列何者是不容易引起過敏性接觸皮膚炎的物品❶染髮劑、燙髮劑、整髮劑❷不含香料的肥皂❸指甲油、去光水❹含香料或色素的化妝品　　。

( ) 451.多汗症是由於❶大汗腺❷小汗腺❸皮脂腺❹頂漿腺　分泌過量所致　　。

( ) 452.皮脂腺分泌油脂，最多的部位是❶鼻部❷下肢❸手掌❹腳掌　　。

( ) 453.皮膚內的毛囊能接受的感覺為❶痛覺❷觸覺❸冷覺　❹溫覺　　。

( ) 454.專業皮膚的護理應多久做一次？❶每天❷每月❸每年❹因人而異，視皮膚狀況而定　　。

( ) 455.下列何者不是按摩的功效？❶促進血液循環❷降低皮膚溫度❸促進皮膚張力和彈力❹延緩皮膚老化　　。

( ) 456.女性曲線是決定於❶表皮❷真皮❸皮下組織❹角質層　。

( )457.一般成年人全身的皮膚重量約佔體重的❶5%　❷10%　❸15%❹20%　　。

( )458.敏感性肌膚的保養品，宜選用❶高油質❷不含色素　，香料及酒精❸高營養❹治療性藥劑　　。

( )459.皮膚的顏色主要決定於❶角質素❷黑色素❸脂肪❹水份

( )460.保養主要是順著❶骨骼❷汗毛生長方向❸毛孔方向❹肌肉紋理方向　。

( )461.下列何者不是皮脂膜的功用?❶潤滑肌肉❷防止皮膚乾燥❸漂白皮膚❹抑菌　。

( )462.皮膚由外而內依次分為那三大部份：❶真皮→皮下組織→表皮❷皮下組織→表皮→真皮❸表皮→真皮→皮下組織❹真皮→表皮→皮下組織　。

( )463.人體熱量有80%是靠❶肺❷鼻子❸皮膚❹嘴來發散，以調節體溫　。

( )464.登革熱之傳染源為❶三斑家蚊❷環蚊❸埃及斑蚊❹鼠蚤

( )465.按摩可促進表皮中❶血液❷汗液❸淋巴液❹皮脂之循環順暢以達到保養之功效　。

( )466.不屬於含藥化妝品的是❶染髮劑❷青春痘乳膏❸清潔霜❹漂白霜　。

( )467.下列含藥化妝品廣告是違法的❶治療濕疹❷預防面皰 ❸保養皮膚❹使皮膚白嫩　。

( )468.判別皮膚的性質，應以何者為考量?❶油份❷水份 ❸油份與水份並重❹酸鹼度　。

( ) 469.下列何者不是眼睫毛的主要生理功用?❶防止塵土吹入

眼睛❷防止刺目的陽光刺激眼睛❸防止昆蟲侵入眼睛❹
增加眼部美觀　　。

（　）470.下列那一層與皮膚表面柔軟，光滑有關❶角質層❷透明
層❸顆粒層❹基底層　　。

（　）471.皮脂漏的皮膚，其外觀是❶乾而緊繃❷脫皮❸油膩而閃
光❹紅腫　　。

（　）472.開口於毛囊，存在腋下及陰部，分泌物含蛋白質，經氧
化易產生體臭的是❶大汗腺（阿波克蓮汗腺）❷小汗腺
（艾克蓮汗腺）❸皮脂腺❹淋巴腺　　。

（　）473.人體中皮膚最厚的是❶頰部❷眼部❸手掌與足蹠❹額頭

（　）474.皮膚新陳代謝的週期約為❶15天❷35天❸180天❹28天。

（　）475.皮膚中的血液及汗腺可調節體溫，使體溫保持在正常的
❶攝氏10℃❷攝氏23.8℃❸攝氏65.5℃❹攝氏37℃　　。

（　）476.皮膚的衍生構造有毛髮及❶血管❷感覺神經纖維❸運動
神經纖維❹指甲　　。

（　）477.健康皮膚的PH值為多少最為標準❶7❷5～6 ❸3～4
❹9～10　　。

（　）478.按摩時應順著肌肉紋理❶由上往下，由內往外❷由下往
上，由外往內❸由下往上，由內往外❹由上往下，由外

往內的原則　　。

（　）479.負責表皮新陳代謝的細胞，可不斷分裂產生新細胞者為
❶基底細胞❷色素細胞❸棘細胞❹核細胞　。

（　）480.皮膚的排汗作用是由什麼系統所控制？❶肌肉系統❷循
環系統❸呼吸系統❹神經系統　。

（　）481.為了舒解客人的緊張，按摩動作宜採用❶搓❷揉❸輕撫
❹捏　。

（　）482.梅毒的病原體是❶桿菌❷球菌❸螺旋菌❹病毒　。

（　）483.人體的小汗腺約為❶20～50萬個❷2～5萬個❸2000～
5000萬個❹200～500萬個　。

（　）484.洗臉的水質以何種最為理想？❶軟水❷硬水❸井水　❹自
來水　。

（　）485.臉部皮膚同時具有三種以上特徵性質，此種皮膚為❶中
性皮膚❷敏感性皮膚❸混合肌膚❹油性肌膚　。

（　）486.汗水是腎臟以外的另一個排泄廢物之管道，下列何者不
會由汗水排出？❶新陳代謝❷產生的鹽份❸乳酸、尿
酸❹其它廢物與毒物　。

（　）487.若臉上有嚴重「青春痘」時，下列何者不適宜？
❶保持皮膚清潔❷去看皮膚科醫生❸畫濃妝掩飾❹注意

飲食起居 。

（ ）488.皮膚保養時，美容從業人員正確姿勢為❶背脊伸直❷上
半身緊靠顧客的臉❸手肘緊靠身體❹兩腿交疊 。

（ ）489.長「青春痘」時，應避免用洗臉的是❶刺激性小的肥皂
❷不含香料的肥皂❸油性、中性洗面乳❹溫水 。

（ ）490.下列何者不是健美皮膚的要件：❶皮脂膜機能正常❷血
液循環順暢❸角化功能順暢❹黑色素細胞含量較少 。

（ ）491.下列何者不是保持皮膚年輕健康的法則？❶均衡的營養
❷保持清潔，避免物理化學刺激❸經常做日光浴❹充足
的睡眠 。

（ ）492.長「青春痘」時，洗臉宜選用❶含香料的肥皂❷油性洗
面劑❸磨砂膏❹刺激性小的肥皂 。

（ ）493.為避免面皰的惡化，化妝品不宜選用？❶親水性之化妝
品❷無刺激性之化妝品❸過度油性之化妝品❹消炎作用
之化妝品 。

（ ）494.下列傳染病何者非為性接觸傳染病？❶梅毒❷淋病 ❸非
淋菌性尿道炎❹肺結核 。

（ ）495.以下防曬製品，防曬係數以❶2❷4❸8❹15 的防曬效果
最佳 。

(　)496.目前台電公司所供應三孔插座之電壓為❶100V ❷
　　　 110V❸200V❹220V 。

(　)497.下列何者不是皮下脂肪的功用❶防止體溫的發散❷緩和
　　　 外界的刺激❸貯存體內過剩的能量❹使皮膚有光澤 。

(　)498.皮下組織中脂肪急遽減少時,皮膚表面會呈現❶皺
　　　 紋❷緊繃❸平滑❹粗糙 。

(　)499.描述有關皮膚的完整性,下列何者為錯?❶皮膚有一群
　　　 正常生態的微生物❷在間隙地區有較多的微生物❸細菌
　　　 在乾燥地區生長較快❹皮膚的完整性受破壞時,易導致
　　　 微生物增殖 。

(　)500.選出正確的敘述:❶蛋白敷臉,可以消除皺紋❷每一種
　　　 化妝品都有益於皮膚,所以要用越多種,用越多的量,
　　　 對皮膚越有幫助❸化妝品所含香料,易導致過敏或顏面
　　　 黑皮症❹買化妝品不必在乎新鮮度或製造日期等 。

# 是非題解答

(1) ○ (2) ○ (3) ○ (4) ×（必須等）(5) ○ (6) ○ (7) ○ (8) ○ (9) ○ (10) ×（錯誤）(11) ○ (12) ×（適用）(13) ×（亦講究）(14) ○ (15) ×（顧客至上,不可爭論）(16) ○ (17) ×（皮膚）(18) ×（屬醫療行為）(19) ○ (20) ○ (21) ×（不可自行處理）(22) ×（是美容從業人員的事）(23) ○ (24) ○ (24) ○ (25) ○ (26) ○ (27) ×（高）(28) ○ (29) ○ (30) ×（相反）(31) ○ (32) ○ (33) ○ (34) ×（愈濃）(35) ○ (36) ×（往下看）(37) ○ (38) ×（不宜化妝）(39) ○ (40) ○ (41) ×（紅褐色）(42) ×（須由裏向外）(43) ×(2/3) (44) ○ (45) ○ (46) ×（適合油性）(47) ○ (48) ○ (49) ○ (50) ×（輕輕地）(51) ×（霜狀）(52) ○ (53) ×（須與顧客溝通）(54) ×（一字眉）(55) ○ (56) ○ (57) ×（立即停用）(58) ○ (59) ○ (60) ×（相反）(61) ×（應用挖棒取出,不可倒回）(62) ×（不可用甲醇）(63) ○ (64) ×(25℃) (65) ×（中性）(66) ○ (67) ×（不可用水銀）(68) ×（弱酸性）(69) ○ (70) ○ (71) ○ (72) ○ (73) ○ (74) ○ (75) ○ (76) ○ (77) ×（不可）(78) ×（屬於化妝品）(79) ○ (80) ○ (81) ○ (82) ×（屬藥用）(83) ○ (84) ○ (85) ×（不可）(86) ×（要加蓋）(87) ×（相反）(88) ○ (89) ○ (90) ○ (91) ○ (92) ○ (93) ○ (94) ○ (95) ○ (96) ○ (97) ○ (98) ○ (99) ○ (100) ○ (101)×（不潔淨的手,蒼蠅媒介）(102) ○ (103) ×(A型) (104) ○ (105) ×（百日咳桿菌）(106) ○ (107) ○ (108) ○ (109) ×（披衣菌）(110) ×（黴菌）(111) ○ (112) ○ (113) ○ (114) ×（地方性由鼠蚤引起,流行性由蝨子引起）(115) ○ (116) ○ (117) ×（立克次氏體）(118) ○ (119) ○ (120) ○ (121) ○ (122) ○ (123) ×（不要清洗傷口,並抬高頭肩部）(124) ×（適用傷口不

大,且等粗的肢體)（125）○（126）✕（相反）（127）○（128）○
（129）✕（室外）（130）✕（80℃,10分鐘）（131）✕（5秒鐘）
（132）✕（紫外線）（133）○（134）✕（亦可用煮沸法）（135）○
（136）○（137）✕（包括）（138）○（139）○（140）○（141）○
（142）○（143）○（144）○（145）○（146）✕（螺旋菌）（147）✕
（桿菌）（148）✕（需有仿單）（149）○（150）✕（不適用）（151）
✕（煮沸）（152）（153）○（154）○（155）✕（日本腦炎）（156）
✕（75%）（157）○（158）○（159）○（160）○（161）○（162）○
（163）✕（需要）（164）✕（藥用）（165）✕（200PPM）（166）✕
（280nm以下）（167）○（168）○（169）○（170）○（171）○
（172）○（173）○（174）○（175）✕（麻瘋分支桿菌）（176）✕
（直接與間接）（177）○（178）○（179）✕（10萬元）（180）○
（181）○（182）○（183）○（184）○（185）✕（有規定）（186）
✕（可知道）（187）✕（不可）（188）✕（會）（189）○（190）✕（不
會）（191）○（192）○（193）✕（不可）（194）○（195）○（196）
✕（法定）（197）○（198）○（199）✕（0.4 以上）（200）○
（201）✕（鼠疫桿菌）（202）✕（會）（203）✕（有味）（204）○
（205）✕（登革熱）（206）○（207）○（208）○（209）○（210）○
（211）○（212）✕（不會）（213）○（214）✕（適合）（215）○
（216）○（217）✕（復甦）（218）○（219）○（220）○（221）✕
（縣市衛生局）（222）✕（一定要）（223）✕（已不必查）（224）✕
（不可過久）（225）✕（愈強）（226）○（227）✕（彩度）（228）○
（229）○（230）○（231）○（232）✕（通常用於斷肢時止血）（233）
○（234）○（235）○（236）○（237）○（238）○（239）✕（超過一
天所攝取之量,則屬藥品）（240）○（241）○（242）✕（尚有其他事
項必須註明）（243）✕（亦需詳列）（244）○（245）○（246）
✕（香味也是造成過敏）（247）✕（不可催吐）（248）✕（亦受限
制）（249）✕（先沖水至少10分鐘以上）（250）○（251）○
（252）✕（已廢除,不必查）（253）○（254）○（255）○（256）✕
（須擦到髮際邊緣）（257）○（258）○（259）○（260）○（261）○

(262) ×(最適合溫度25℃) (263) o (264) o (265) ×(須申請
查驗登記) (266) ×(須送醫治療) (267) o (268) ×(不可拍背)
(269) ×(交流電) (270) ×(抬高下肢) (271) ×(下肢抬高20～
30公分) (272) o (273) o (274) ×(頭部抬高20～30公分)
(275) o (276) o (277) o (278) ×(屬於藥品) (279) ×(不可
用衛生紙或棉花) (280) ×(摸頸動脈) (281) o (282) o (283)
×(暗色) (284) o (285) ×(進口含藥化妝品,才須備查字號)
(286) ×(有蓋) (287) ×(V字型領) (288) o (289) o (290) o
(291) ×(不可自行製造,分裝) (292) o (293) o (294) o (295)
o (296) ×(非法令部份須申請) (297) o (298) o (299) ×(愈
佳) (300) ×(正三角形) (301) ×(尚有其它事項) (302) ×(無
味淡乳色) (303) o (304) ×(不可塗) (305) ×(暗色) (306) o
(307) ×(人為因素) (308) o (309) o (310) o (311) o (312)
o (313) o (314) ×(較不自然) (315) ×(褐色) (316) o (317)
o (318) ×(相反) (319) o (320) o (321) o (322) o (323) o
(324) ×(分次慢慢加上) (325) ×(需要) (326) o (327) o
(328) ×(會有生命危險) (329) o (330) o (331) o (332) o
(333) o (334) o (335) o (336) o (337) o (338) ×(金
黃色系) (339) ×(無線條) (340) o (341) o (342) ×(明暗
度) (343) o (344) o (345) o (346) ×(第一部份從中央髮際到
鼻間,第二部份鼻間到唇部) (347) o (348) ×(相反) (349) ×
(不可修平) (350) ×(6%) (351) o (352) o (353) o (354) o
(355) o (356) ×(暗色) (357) ×(量要少) (358) o (359) o
(360) ×(疥蟲) (361) ×(額頭擦暗色,下顎擦明色) (362) ×
(腹部較有效) (363) o (364) ×(瞳孔大小不一) (365) ×(過度
有傷害) (366) o (367) o (368) ×(中樞神經) (369) o (370)
×(不可) (371) ×(豐滿,膨脹) (372) o (373) o (374) o (375)
o (376) o (377) ×(不同) (378) o (379) o (380) o (381) o
(382) o (383) o (384) o (385) o (386) o (387) ×(真皮層)
(388) ×(會造成乾燥) (389) o (390) ×(需要) (391) o (392)

×(可視情況而定)(393) ×(真皮層)(394) o (395) ×(弱酸性)(396) ×(皮丘)(397) ×(艾克蓮)(398) o (399) o (400) ×(真皮層)(401) o (402) o (403) o (404) ×(速度,力道要適中)(405) ×(不可用手)(406) o (407) o (408) o (409) o (410) o (411) ×(不可)(412) ×(不可用)(413) o (414) (415) ×(亦會)(416) ×(不可過熱)(417) o (418) o (419) o (420) ×(以雙拳頭自向腹部施壓)(421) ×(視皮膚狀況而定)(422) o (423) o (424) o (425) ×(清水)(426) ×(有關)(427) ×(嚴重者,須請教皮膚科醫生)(428) ×(不可以)(429) ×(數值愈小)(430) ×(增加黑色素)(431) o (432) ×(相反)(433) o (434) ×(藥品)(435) ×(亦需要)(436) o (437) ×(化妝水)(438) ×(紋理粗,T型部位,易出油)(439) o (440) o (441) ×(已沒有貨物稅完稅憑証)(442) ×(皮脂腺)(443) o (444) ×(需要)(445) o (446) o (447) o (448) ×(越不好)(449) o (450) o (451) ×(必須)(452) o (453) ×(有棘層和基底層)(454) o (455) ×(有棘層)(456) ×(網狀層)(457) o (458) ×(力道適中,次數視情況)(459) ×(亦會)(460) o (461) ×(不一定)(462) ×(最旺盛,新陳代謝也最強)(463) o (464) ×(VITC)(465) o (466) o (467) ×(相反)(468) o (469) ×(保護作用)(470) o (471) ×(較軟)(472) o (473) o (474) o (475) ×(會引起)(476) o (477) o (478) o (479) ×(保養)(480) o (481) ×(真皮內有...)(482) ×(需要先卸妝)(483) ×(深淺與黑色素裡的黑素有關)(484) ×(大)(485) o (486) ×(不可天天)(487) o (488) o (489) o (490) ×(不會)(491) o (492) o (493) ×(VITE)(494) ×(水份)(495) ×(亦具刺激性)(496) o (497) ×(例藥物也會引起)(498) ×(由下往上)(499) ×(皮下脂肪)(500) ×(阿波克蓮)

# 選擇題解答

( 1)❶ ( 2)❶ ( 3)❶　( 4)❸ ( 5)❸ ( 6)❶　( 7)❶　( 8)❸

( 9)❹ (10)❸ (11)❷　(12)❶ (13)❸ (14)❷　(15)❶　(16)❸

(17)❸ (18)❹ (19)❶　(20)❸ (21)❶ (22)❶　(23)❸　(24)❸

(25)❷ (26)❷ (27)❷　(28)❸ (29)❹ (30)❷　(31)❸　(32)❶

(33)❹ (34)❹ (35)❶　(36)❷ (37)❸ (38)❸　(39)❷　(40)❷

(41)❶ (42)❷ (43)❶　(44)❸ (45)❷ (46)❷　(47)❸　(48)❹

(49)❶ (50)❸ (51)❸　(52)❶ (53)❸ (54)❶　(55)❶　(56)❶

(57)❷ (58)❹ (59)❷　(60)❸ (61)❸ (62)❶　(63)❹　(64)❹

(65)❷ (66)❸ (67)❷　(68)❷ (69)❸ (70)❶　(71)❹　(72)❷

(73)❷ (74)❸ (75)❹　(76)❸ (77)❷ (78)❸　(79)❷　(80)❷

(81)❸ (82)❸ (83)❷　(84)❷ (85)❹ (86)❹　(87)❹　(88)❹

(89)❸ (90)❸ (91)❹　(92)❷　(93)❹ (94)❶ (95)❶　(96)❷

(97)❶ (98)❷ (99)❷　(100)❷ (101)❷(102)❹(103)❶ (104)❹

(105)❸(106)❶(107)❸　(108)❶ (109)❷(110)❸(111)❹ (112)❸

(113)❸(114)❸(115)❸　(116)❶ (117)❷(118)❷(119)❶ (120)❷

(121)❷(122)❷(123)❶　(124)❶ (125)❸(126)❶(127)❹ (128)❷

(129)❷(130)❷(131)❹　(132)❶ (133)❶(134)❸(135)❶ (136)❹

(137)❶(138)❸(139)❶　(140)❶ (141)❹(142)❸(143)❷ (144)❶

(145)❸(146)❹(147)❷(148)❹(149)❶(150)❸(151)❸(152)❹

(153)❷(154)❷(155)❷(156)❶(157)❷(158)❶(159)❹(160)❶

(161)❶(162)❶(163)❶(164)❷(165)❶(166)❹(167)❸(168)❷

(169)❷(170)❷(171)❹(172)❶(173)❸(174)❹(175)❹(176)❸

(177)❶ (178)❸ (179)❸ (180)❸ (181)❶ (182)❷ (183)❶ (184)❹
(185)❹ (186)❷ (187)❸ (188)❶ (189)❶ (190)❷ (191)❸ (192)❶
(193)❶ (194)❹ (195)❹ (196)❹ (197)❶ (198)❶ (199)❷ (200)❶
(201)❶ (202)❷ (203)❶ (204)❶ (205)❹ (206)❶ (207)❶ (208)❸
(209)❹ (210)❹ (211)❶ (212)❷ (213)❶ (214)❶ (215)❷ (216)❹
(217)❷ (218)❹ (219)❸ (220)❸ (221)❸ (222)❷ (223)❹ (224)❹
(225)❸ (226)❶ (227)❸ (228)❸ (229)❸ (230)❶ (231)❹ (232)❶
(233)❶ (234)❸ (235)❷ (236)❶ (237)❷ (238)❸ (239)❶ (240)❸
(241)❸ (242)❸ (243)❷ (244)❸ (245)❷ (246)❹ (247)❹ (248)❶
(249)❸ (250)❸ (251)❶ (252)❸ (253)❶ (254)❹ (255)❹ (256)❷
(257)❸ (258)❶ (259)❷ (260)❸ (261)❸ (262)❹ (263)❸ (264)❷
(265)❷ (266)❶ (267)❸ (268)❹ (269)❸ (270)❶ (271)❹ (272)❷
(273)❶ (274)❷ (275)❷ (276)❶ (277)❷ (278)❷ (279)❷ (280)❷
(281)❶ (282)❶ (283)❶ (284)❹ (285)❶ (286)❸ (287)❹ (288)❷
(289)❸ (290)❶ (291)❷ (292)❷ (293)❹ (294)❶ (295)❶ (296)❸
(297)❷ (298)❹ (299)❶ (300)❶ (301)❷ (302)❷ (303)❷ (304)❷
(305)❷ (306)❹ (307)❸ (308)❸ (309)❶ (310)❷ (311)❸ (312)❹
(313)❶ (314)❶ (315)❸ (316)❶ (317)❸ (318)❸ (319)❶ (320)❹
(321)❶ (322)❷ (323)❷ (324)❶ (325)❸ (326)❶ (327)❷ (328)❷
(329)❶ (330)❷ (331)❷ (332)❶ (333)❶ (334)❷ (335)❸ (336)❹
(337)❷ (338)❸ (339)❶ (340)❸ (341)❸ (342)❹ (343)❶ (344)❸
(345)❹ (346)❷ (347)❶ (348)❹ (349)❸ (350)❷ (351)❸ (352)❷
(353)❸ (354)❹ (355)❷ (356)❶ (357)❶ (358)❶ (359)❷ (360)❶
(361)❷ (362)❹ (363)❷ (364)❶ (365)❸ (366)❹ (367)❹ (368)❸
(369)❷ (370)❸ (371)❶ (372)❸ (373)❹ (374)❹ (375)❷ (376)❶
(377)❷ (378)❷ (379)❸ (380)❸ (381)❷ (382)❷ (383)❸ (384)❸
(385)❸ (386)❷ (387)❸ (388)❷ (389)❹ (390)❶ (391)❹ (392)❷

(393)❸ (394)❹ (395)❷ (396)❹ (397)❹ (398)❶ (399)❶ (400)❹

(401)❹ (402)❸ (403)❶ (404)❹ (405)❹ (406)❸ (407)❹ (408)❶

(409)❶ (410)❹ (411)❷ (412)❸ (413)❶ (414)❶ (415)❸ (416)❶

(417)❸ (418)❸ (419)❹ (420)❸ (421)❷ (422)❹ (423)❸ (424)❶

(425)❹ (426)❸ (427)❹ (428)❸ (429)❹ (430)❸ (431)❹ (432)❶

(433)❶ (434)❸ (435)❸ (436)❸ (437)❹ (438)❷ (439)❸ (440)❸

(441)❶ (442)❶ (443)❷ (444)❹ (445)❹ (446)❷ (447)❶ (448)❸

(449)❷ (450)❷ (451)❷ (452)❶ (453)❷ (454)❹ (455)❷ (456)❸

(457)❸ (458)❷ (459)❷ (460)❹ (461)❸ (462)❸ (463)❸ (464)❸

(465)❸ (466)❸ (467)❶ (468)❸ (469)❹ (470)❶ (471)❸ (472)❶

(473)❸ (474)❹ (475)❹ (476)❹ (477)❷ (478)❸ (479)❶ (480)❹

(481)❸ (482)❸ (483)❹ (484)❶ (485)❷ (486)❹ (487)❸ (488)❶

(489)❸ (490)❹ (491)❸ (492)❹ (493)❸ (494)❹ (495)❹ (496)❹

(497)❹ (498)❶ (499)❸ (500)❸

# 簡答題

依據台北市衛生營業管理規則之規定，簡述從業期間應遵守那些規定？

答：（一）需先經營業所在地衛生醫療機構健康檢查合格並領有健康証後，始得從業，但從業期間應接受每年定期健康檢查，並接受各種預防接種。

（二）從業人員如發現有精神病、性病或活動性結核病、傳染性眼疾、傳染性皮膚病或其它傳染病者，應即停止營業，並接受治療，待完全好了且經複檢合格後才得開始營業。

（三）從業人員兩眼視力矯正後需在0.4以上，始得營業。

（四）從業期間應接受衛生主管機關舉辦之講習。

依據化妝品力管理條例規定市售之化妝品應於仿單、標籤或包裝上刊載那些事項？

答：（一）廠名（二）廠址（三）品名（四）商標（五）許可証或備查字號（六）用途、用法（七）成份（八）重量或容量（九）批號或出廠日期（十）保存期限、保存方法（十一）含藥化妝品應標示名稱及使用時注意事項。

目前我國營業衛生所，採用之化學消毒方法有那幾類？

答：（一）75％酒精消毒法（二）6％煤餾油酚酚肥皂液
消毒法（三）0.5％陽性肥皂液消毒法（四）200PPM
氯液消毒法。

# 參考書目

☆《美容師丙級技能檢定試題》
　　行政院勞工委員會職業訓練局印行
☆《理燙髮、美容業衛生常識》
　　行政院勞工委員會職業訓練局印行

丙級美容師學科證照考試指南

# 八十七年度美容丙級技術士技能檢定術科測驗

試題編號：一〇〇八四〇三〇一—六

# 目錄

丙級美容師學科證照考試指南

154

# 一、美容丙級技術士技能檢定應檢人員須知

1. 應檢人員除利用檢定場所提供之設備及材料外，應注意並遵守檢定現場之規定。

2. 應檢人員須準時進入考場，遲到十分鐘以上者不准進入考場。

3. 應檢人員應服裝儀容整潔，並穿著淺色符合規定之工作服。長髮應梳理整潔並紮妥。

4. 應檢人員應檢時須自備真人女性模特兒一名，其條件為：

   (1) 年齡15歲以上（模特兒需攜帶身分證）。

   (2) 無嚴重面皰或敏感等問題皮膚症狀。

   (3) 無紋眼線、紋唇、紋眉者。

   (4) 指甲經修整、未塗擦指甲油者。

5. 應檢人員所備之真人女性模特兒，在檢定前須經評審檢查，皆符合上列條件者，始得應檢。

6. 應檢人員應攜帶浴巾、美容衣、圍巾、化妝髮帶。未帶者不得應檢。

7. 工作中所需物品應清潔而且有秩序的擺好以備使用。

8. 專業護膚檢定為分段評分，應檢人在規定時間內應依口令停止操作，等候評審員評分後再行繼續操作。

9. 應檢人員於各項技能操作時，凡觸及模特兒皮膚前，必須以清潔品洗淨雙手。

10. 應檢人員所使用之化妝品及保養品均應合法，並有明確標示。

11. 應檢人員之指甲應剪短修齊，並無指甲刺參差。

12. 凡乳霜狀之化妝品，均應以挖杓取用，不可直接用手取用。

13. 應檢人員應備妥「垃圾袋」、「待消毒物品袋」，以便工作中使用。

14. 化妝品（保養品）開啓後，蓋子均應朝上，用畢隨手立即蓋上蓋子。

15. 凡液體化妝品應先倒在化妝棉或紗布上使用。

16. 凡筆狀色彩化妝品使用前、後須以酒精棉球消毒。

17. 凡面紙、化妝棉均應適當摺理使用。

18. 應檢時若有受傷，應予緊急處理。

19. 應檢人員在操作過程中如有疑問，應在原地舉手，待評審到達面前始得發問， 不可在場內任意走動。

20. 應檢人員應取下會干擾美容工作進行之珠寶及飾物。

掉落之物品， 應以乾淨的手紙撿拾，並經肥皂洗淨，清水沖淨，適當清毒後方可使用。

或是直接丟入「待消毒物品袋」中，俟有空時，才一起清潔消毒。

＊註：如果因為撿拾掉落物品而弄髒手，則應以清潔品洗淨
　　　雙手。

21.美容丙級技術士技能檢定術科測驗成績計算方法如下：

　　美容技能或衛生技能滿分均 100 分，及格分數 60 分。
　　兩項如有一項不及格，即為不及格。

22.應檢人員如有嚴重違規或作弊等情事，經評審議決並作成
　　事實記錄，得取消其應檢資格。

23.應檢人員除應遵守本須知之事項外，並須注意應檢場所臨
　　時規定之事項。

# 二、美容丙級技術士技能檢定時間分配表

| 項目 | 項次 | 檢定內容 | 時間 | 配分 | 備註 |
|------|------|---------|------|------|------|
| 一.美容技能 100% | 1. | 宴會妝：（2小題，抽1題） | 50分鐘 | 30分 | |
| | 2. | 一般妝：（2小題，抽1題） | 30分鐘 | 20分 | |
| | 3. | 專業護膚 | 55分鐘 | 50分 | |
| | | 合　　　計 | 130分鐘 | 100分 | |
| 二.衛生技能 100% | 1. | 消毒液配製與消毒方法辨識及操作 | 15分鐘 | 40分 | |
| | 2. | 化妝品安全衛生之辨識 | 5分鐘 | 20分 | |
| | 3. | 簡易急救 | 5分鐘 | 20分 | |
| | 4. | 衛生行為 | 5分鐘 | 20分 | |
| | | 合　　　計 | 30分鐘 | 100分 | |

## 三、美容丙級技術士技能檢定應檢人員自備工具表（一人使用份量）

| 項次 | 工具名稱 | 規格尺寸 | 單位 | 數量 | 備註 |
|------|----------|----------|------|------|------|
| 1. | 毛巾 | 約30cmx75cm | 條 | 5 | 白色一條（敷臉後擦拭用），其餘四條為淺素色（用於頭、胸、背、腳）。 |
| 2. | 浴巾 | | 條 | 2 | 素面淺色（可備罩單、蓋被使用）。 |
| 3. | 美容衣 | | 件 | 1 | |
| 4. | 化妝髮帶 | | 條 | 1 | |
| 5. | 圍巾（白色） | 大型 | 條 | 1 | 化妝用。 |
| 6. | 棉花棒 | | 支 | | 酌量。 |
| 7. | 化妝棉 | | 張 | | 酌量。 |
| 8. | 化妝紙 | | 張 | | 酌量。 |
| 9. | 挖杓 | | 支 | 1 | |
| 10. | 裝酒精棉容器 | 需有蓋子 | 個 | 1 | 內附10顆酒精棉球。 |

| 項次 | 工具名稱 | 規格尺寸 | 單位 | 數量 | 備註 |
|---|---|---|---|---|---|
| 11. | 待消毒物品袋 | | 個 | 4 | 尺寸：S號3個，L號1個。 |
| 12. | 清潔袋 | 小號 | 個 | 3 | |
| 13. | 合法化妝品 | | | | (1) 保養製品<br>(2) 化妝製品<br>(3) 用具。 |
| 14. | 美甲用具 | | 組 | 1 | 去光水，指甲油等。 |
| 15. | 修眉工具 | | | | 依個人習慣用具準備。 |
| 16. | 假睫毛 | | | | 睫毛膠、剪刀、睫毛夾等。 |
| 17. | 鑷子 | | 支 | 1 | 夾棉球用。 |
| 18. | 口罩 | | 個 | 1 | |
| 19. | 不透明敷面劑 | | | | 一人份。 |
| 20. | 工作服 | | 件 | 1 | |
| 21. | 原子筆 | | 支 | 1 | |
| 22. | 其它相關之用具 | | | | 以上所列物品，可依個人習慣酌情增減。 |

# 四、美容丙級技術士技能檢定術科測驗試題

試題名稱：宴會妝。　　　　第一站第一小題：日間宴會妝。

檢定時間：50 分鐘。

說　　明：1.正式日間宴會化妝。

2.配合日間宴會場所燈光的色彩化妝。

3.須表現出明亮、高貴感。

4.眉型修整應配合臉型。

5.裝戴適合之假睫毛。

6.美化指甲色彩須與化妝色系配合。

7.化妝程序不拘，但完成之臉部化妝須乾淨、色彩調和。

8.配合模特兒個人特色（個性、外型、年齡 ‧‧‧）做適切的化妝。

9.整體表現必須切題。

注意事項：1.應檢前模特兒臉部肌膚須先行卸妝、清潔，以素面應檢。

2.模特兒化妝髮帶、圍巾的使用，應檢前處理妥當。

3.應檢自基礎保養開始進行。須注意保養程序。

4.粉底應配合膚色， 厚薄適中、均勻、無分界線。

5.取用蜜粉時，能兼顧衛生之需求，將蜜粉倒出使用。

6.取用唇膏、粉條時，應先以刮刀取之使用。

7.指甲於應檢前修整完畢，現場進行指甲油塗抹技巧。 色彩與化妝須配合協調。

8.本項評分依評分表所列項目計分，應檢時間內一項未完成者， 除該項不計分外，整體感亦不計分。未完成兩項以上（含兩項）者，宴會妝完全不予計分。

試題名稱：宴會妝。　　　第一站第二小題：晚間宴會妝。

檢定時間：50分鐘。

說　　明：1.正式晚間宴會化妝。

2.配合晚間宴會場所燈光的色彩化妝。

3.須表現出明亮、豔麗感。

4.眉型修整應配合臉型。

5.裝戴適合之假睫毛。

6.美化指甲色彩須與化妝色系配合。

7.化妝程序不拘，但完成之臉部化妝須乾淨、色彩調和。

8.配合模特兒個人特色（個性、外型、年齡‧‧‧）做適切的化妝。

9.整體表現必須切題。

注意事項：1.應檢前模特兒臉部肌膚須先行卸妝、清潔，以素面應檢。

2.模特兒化妝髮帶、圍巾的使用，應檢前處理妥當。

3.應檢自基礎保養開始進行。須注意保養程序。

4.粉底應配合膚色，　厚薄適中、均勻、無分界線。

5.取用蜜粉時，能兼顧衛生之需求，將蜜粉倒出使用。

6.取用唇膏、粉條時，應先以刮刀取之使用。

7.指甲於應檢前修整完畢，現場進行指甲油塗抹技巧。　色彩與化妝須配合協調。

8.本項評分依評分表所列項目計分，應檢時間內一項未完成者，　除該項不計分外，整體感亦不計分。未完成兩項以上（含兩項）者，宴會妝完全不予計分。

試題名稱：一般妝。　　第二站第一小題：外出妝（郊遊）。

檢定時間：30 分鐘。

說　　　明：1.以健康、淡雅表現外出郊遊化妝。

　　　　　2.配合自然光線的色彩化妝。

　　　　　3.表現輕鬆舒適的休閒化妝。

　　　　　4.不須裝戴假睫毛，但須刷睫毛膏。

　　　　　5.化妝程序不拘，但完成之臉部化妝須乾淨、色
　　　　　　彩調和。

　　　　　6.配合模特兒個人特色（個性、外型、年齡　．
　　　　　　．．）做適切的化妝。

　　　　　7.整體表現必須切題。

注意事項：1.應檢前模特兒臉部肌膚須先行卸妝、清潔，以
　　　　　　素面應檢。

　　　　　2.模特兒化妝髮帶、圍巾的使用，應檢前處理妥
　　　　　　當。

　　　　　3.應檢自基礎保養開始進行，須注意保養程序。

　　　　　4.粉底應配合膚色，　厚薄適中、均勻、無分界
　　　　　　線。

5.取用蜜粉時，能兼顧衛生之需求，將蜜粉倒出使用。

6.取用唇膏、粉條時，應先以刮刀取之使用。

7.本項評分依評分表所列項目計分，應檢時間內一項未完成者，除該項不計分外，整體感亦不計分。未完成兩項以上（含兩項）者，一般妝完全不予計分。

試題名稱：一般妝。 第二站第二小題：職業婦女妝
　　　　　　　　　　　　　　　　（公司員工）。

檢定時間：30 分鐘。

說明：1.以自然、柔和、淡雅表現公司員工上班時的化妝。

　　　2.配合上班場所人工照明的色彩化妝。

　　　3.表現知性、幹練、大方、高雅的職業女性化妝。

　　　4.不須裝戴假睫毛，但須刷睫毛膏。

　　　5.化妝程序不拘，但完成之臉部化妝須乾淨、色彩調
　　　　和。

　　　6.配合模特兒個人特色（個性、外型、年齡‧‧‧）
　　　　做適切的化妝。

　　　7.整體表現必須切題。

注意事項：1.應檢前模特兒臉部肌膚須先行卸妝、清潔，以
　　　　　　素面應檢。

　　　　　2.模特兒化妝髮帶、圍巾的使用，應檢前處理妥
　　　　　　當。

　　　　　3.應檢自基礎保養開始進行，須注意保養程序。

　　　　　4.粉底應配合膚色， 厚薄適中、均勻、無分界
　　　　　　線。

5.取用蜜粉時，能兼顧衛生之需求，將蜜粉倒出使用。

6.取用唇膏、粉條時，應先以刮刀取之使用。

7.本項評分依評分表所列項目計分，應檢時間內一項未完成者，除該項不計分外，整體感亦不計分。未完成兩項以上（含兩項）者，一般妝完全不予計分。

試題名稱：專業護膚，第三站

檢定時間：55 分鐘。

說明：檢試流程分四段進行，分段評分。

## 第一段：工作前準備（ 10 ）分鐘。

1. 美容椅上應有清潔之罩單或浴巾使顧客之皮膚不直接接觸美容椅。

2. 美容椅使用前應確認其可正常使用。

3. 應檢人員應戴紙製口罩，遮住口鼻。

4. 應檢人員應確認顧客在美容椅上躺臥之舒適及安全後，再加上蓋被或浴巾。

5. 模特之頭髮、肩膀等均應有毛巾、美容衣之妥善保護，應避免使之與美容椅直接接觸。

6. 模特兒的雙腳應有適當之保護，以達保暖及衛生之要求。 例如：以毛巾覆蓋足部，用後隨即更換。

7. 正確、詳實填寫皮膚資料卡。

8. 模特兒皮膚清潔要點：

    (1) 在整體的清潔臉部前，應先去除眼部、唇部之化妝。

(2) 足量的清潔用品應均勻的塗佈在臉部、頸部、肩膀、前胸，加以施用。

(3) 清潔用品用化妝紙去除後，可不必以水清洗，可用化妝棉沾化妝水做再清潔。

## 第二段：臉部保養手技（ 20 分鐘）

1.臉部保養手勢以指腹為主，依部位的輕重有彈性、有韻律的進行。

2.足量的按摩霜應均勻的塗佈在要施行保養的部位。

3.應檢人員應展示臉部、頸部之保養手法（請參考臉部保養手技示範參考圖）。

4.臉部保養手技各部位動作需做到三分鐘，以便評分（保養部位及時間，依據評審長之口令施行）。

5.在臉部保養過程中，應檢人員可運用下列保養技巧：

(1) 輕撫。

(2) 輕度摩擦。

(3) 深層摩擦。

（4）輕拍。

（5）振動。

6.手技動作應熟練，同時需配合顏面肌肉紋理施行。

7.手技進行動作應是向上及向外。

8.手技進行時手指力量、速度需適切，壓點部位要明顯，壓力不可過度。

9.保養步驟完成後，按摩霜必須以面紙徹底去除。

## 第三段：蒸臉（10分鐘）

1.蒸臉器使用步驟：

（1）檢視水量，必要時添加所需量之蒸餾水。

（2）插上插頭，打開開關。

（3）以護目濕棉墊保護顧客之雙眼。

（4）確認蒸汽噴出正常（以一張面紙測知）。

（5）將噴嘴對準顧客臉部，距離約 40 公分。

（6）蒸臉完畢，將蒸臉器噴嘴轉向模特兒腳部的方向關閉開關。

（7）取下顧客眼墊。

(8) 拔下插頭，並將電線收妥以免絆倒他人。

(9) 將蒸臉器推至不妨礙工作處。

## 第四段：敷面及善後工作（15分鐘）

1. 將敷面劑塗勻在顧客臉部及頸部，並在口、鼻孔，及眼眶部位空白。

2. 塗好後應檢人員舉手示意，經三位評審檢視認可，不須等候立即以熱毛巾徹底清除。

※註：應檢時為節省時間，故敷面劑不須等待指定之時間後才去除。

3. 熱毛巾擦拭部位先後不拘，但須注意方向，同時要顧及對模特兒的安全衛生。

4. 正確做好基礎保養。

5. 仔細處理善後工作。

注意事項：

1. 應檢人員應仔細閱讀「應檢自備工具表」，備妥一切必需品。

2. 模特兒須於試場內更換美容衣，並請其自行取下珠寶、飾物等。

3. 應檢人員應注意坐姿背脊伸直，上半身不可太靠

近模特兒，須保持約 10 公分距離。

4.電源及蒸臉器，事先做安全檢查，注意用電安全。

5.白毛巾須於應檢開始前放進蒸氣消毒箱中加熱。

6.包頭巾不可覆蓋額頭， 以致於妨礙臉部之清潔或
　按摩動作之施行，如果包頭巾是紙製品，則應在使
　用過後立即丟棄以維護衛生。

7.美容衣必須不干擾美容從業人員對顧客頸部的清潔
　及保養動作之施行， 美容衣應以舒適、方便並不
　纏住顧客之身體為要。

8.臉部保養中若有指壓夾雜， 指壓動作之力道應適
　度有效但不過份，在眼袋及眼眶周圍施行保養時，
　應特別小心留意。

9.使用化妝水時，勿使化妝水誤入顧客眼睛，含酒精
　化妝水不宜使用眼部。

10.應檢完所有物品應歸回原位妥善收好恢復整潔。

11.無法重複使用之面紙，化妝棉紙巾等應立即丟棄以
　　維護衛生，可重複使用之器具應置入「待消毒物品
　　袋」中。

# 臉部保養手技示範參考資料

## 一、顏面肌肉紋理

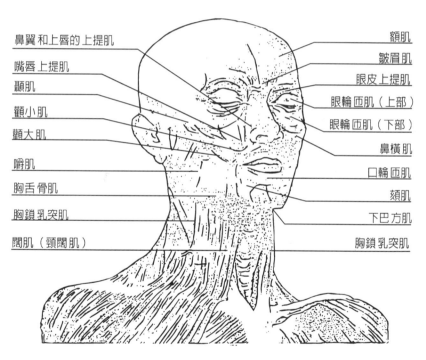

鼻翼和上唇的上提肌
嘴唇上提肌
顴肌
顴小肌
顴大肌
嚼肌
胸舌骨肌
胸鎖乳突肌
闊肌（頸闊肌）

額肌
皺眉肌
眼皮上提肌
眼輪匝肌（上部）
眼輪匝肌（下部）
鼻橫肌
口輪匝肌
頦肌
下巴方肌
胸鎖乳突肌

顏面肌肉紋理

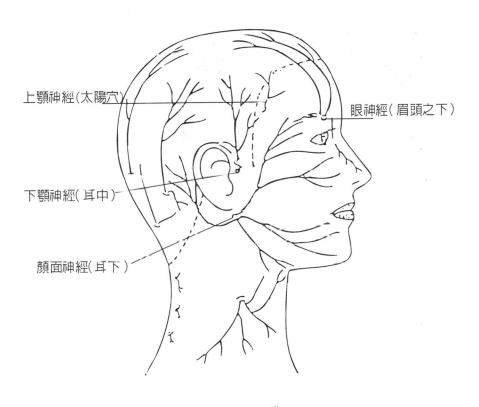

上顎神經(太陽穴)

眼神經(眉頭之下)

下顎神經(耳中)

顏面神經(耳下)

顏面的神經叢

## 二、臉部保養手技參考圖：

### 額頭

| | | | |
|---|---|---|---|
|  | 額頭中央開始，向兩側太陽穴，由下往上，交互撫搓，太陽穴處輕壓。 |  | 由額頭中央開始向兩側螺旋畫圈。 |
|  | 額頭中央部位由眉間向髮際交互輕撫。 |  | 先自額頭中央由下向上至太陽穴輕壓。 |
| 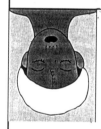 | 以一手三四指展開眉間皮膚，另一手由額頭中央眉間部位，向髮際，螺旋狀畫圈。 |  | 由額頭中央向兩側交互畫半圈。 |
|  | 以一手三四指撐開額頭皮膚，另一手由一側太陽穴處螺旋狀畫圈至另一側太陽穴處。 |  | 由眉頭下方至髮際交叉式輕擦。 |
|  | 由一邊髮際開始以兩手手指交互畫三角形至另一邊。 |  | 由額頭中央開始向兩側交叉輕擦。 |

| | |
|---|---|
| 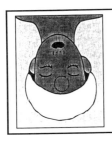 | 先在額頭中央畫輕撫，再向髮際移動（兩手交替動作）。 |

## 眼部

| | | | |
|---|---|---|---|
|  | 先在眉頭輕壓，再繞眉毛上方滑至眼尾經下眼瞼回到眼頭。 |  | 先在眉頭輕壓，再繞下眼瞼至眼尾經上眼瞼回到眼頭。 |
| 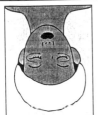 | 輕捏眉骨後，沿著上眼瞼至下眼瞼再回到眉頭。 |  | 輕壓眉骨，沿著下眼瞼再由眉骨上方回到眉頭。 |
|  | 眼角外側，交叉或螺旋畫圈。 |  | 沿鼻樑向下滑動，螺旋式經由雙頰至太陽穴輕壓再由下眼瞼回鼻樑。 |
|  | 上眼瞼由內向外輕撫。 |  | 由下眼瞼繞眼睛向上至上眼瞼，太陽穴輕壓上眼瞼，太陽穴輕壓。 |

## 下顎、耳朵、頸部

| | | | |
|---|---|---|---|
|  | 下顎左、右來回輕擦。 |  | 頸部中央向上輕撫，頸側向下稍用力輕擦。 |
|  | 下顎向上輕抬。 |  | 耳朵以螺旋式向上畫圈。 |
|  | 頸部由下向上輕撫。 |  | 將耳骨由外向內輕輕上提後輕壓。 |
|  | 頸部由下向上按摩，頸側再以較重力量向下畫圈。 | | |

## 唇部

| | | | |
|---|---|---|---|
| 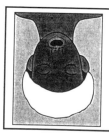 | 沿著唇的四周由下往上滑動，嘴角處略往上提。 |  | 由人中開始繞著嘴角向下滑向下唇及下顎。 |

# 五、美容丙級技術士技能檢定衛生技能實作試題

本實作試題共有四站，應考人應做完各站，包括：

（一）消毒液和消毒方法之辨識與操作：（佔40%）

    1.物理消毒法：測驗時間3分鐘（15%）

    試場中備有各種不同美容的器材及消毒設備，由應考人當場抽出一種消毒方法（煮沸、蒸氣、紫外線消毒），選擇一種適當的器材進行消毒操作。

    2.化學消毒法：測驗時間 7 分鐘（ 25% ）

    應考人抽出一種消毒方法（煤餾油酚肥皂液、酒精、陽性肥皂液、氯液），並稀釋至適當的濃度，並選擇一種適當的器材進行消毒操作。

（二）簡易急救：測驗時間 5 分鐘（佔 20% ）

    手（掌）背大面積燙傷起水泡及化學藥品侵入顧客眼睛，由應考人進行適當的急救處理。

（三）化妝品安全衛生之辨識：測驗時間5分鐘（佔20%）

    試場中陳列有十種美容用化妝品，由應考人自籤筒抽出一種化妝品（代號籤），再由評審人員逐題詢問應考人。

（四）衛生行為：（佔20%）

應考人於美容技能及衛生技能實際操作時，由評審人員就其衛生行為予以評分。

## 六、化學消毒法參考資料

| 化學消毒劑之種類 | 原液及蒸餾水 | 稀釋後消毒液量 | |
|---|---|---|---|
| | | 100cc | 200cc |
| （一）0.5%陽性肥皂苯基氯卡銨溶液稀釋法 | （1）10%苯基氯卡銨溶液 | 5cc | 10cc |
| | （2）蒸餾水 | 95cc | 190cc |
| （二）6%煤餾油酚肥皂液稀釋法（含有3%甲苯酚） | （1）25%甲苯酚原液 | 12cc | 24cc |
| | （2）蒸餾水 | 88cc | 176cc |
| （三）75%酒精稀釋法 | （1）95%酒精 | 79cc | 158cc |
| | （2）蒸餾水 | 21cc | 42cc |
| （四）200ppm氯液 | （1）10%漂白水 | 500cc | 1000cc |
| | | 1cc | 2cc |
| | （2）蒸餾水 | 499cc | 998cc |

註：配製消毒液過程中，應考人不慎接觸到消毒劑原液應立即以清水沖洗。

丙級美容師學科證照考試指南

# 丙級美容師學科證照考試指南　　美容叢書 1

著　　　者／周　玫

出　　　版／揚智文化事業股份有限公司

發 行 人／林新倫

副總編輯／葉忠賢

責任編輯／賴筱彌

登 記 證／局版臺業字第 1117 號

地　　　址／台北市新生南路三段 88 號 5 樓之 6

電　　　話／(02)366-0309　　366-0313

傳　　　真／(02)366-0310

郵　　　撥／1453497-6

印　　　刷／偉勵彩色印刷股份有限公司

法律顧問／北辰著作權事務所　蕭雄淋律師

初版一刷／1998 年 1 月

定　　　價／新臺幣：400 元

I S B N：957-8446-49-7

E-mail：ufx0309@ms13.hinet.net

國家圖書館出版品預行編目資料

丙級美容師學科證照考試指南 / 周玫著. ——初版.
——臺北市：揚智文化，1998[民 87]
　　面 ； 公分 . —（美容叢書 ； 1 ）
　　參考書目 ： 面
　　ISBN 957-8446-49-7（平裝）


1.美容-問題集　2.美容師-考試指南

424.022　　　　　　　　　　　　86013878

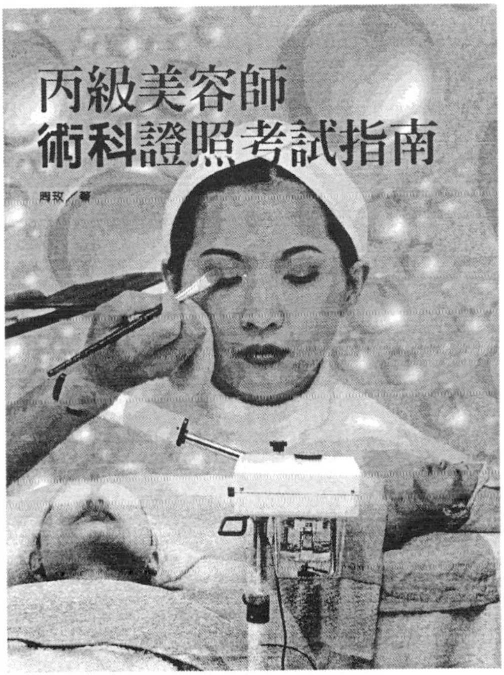

丙級美容師**學科**證照考試指南（平裝）
定價：400元

學科 證照考試指南

丙級美容師學科證照考試指南

丙級美容師 學科證照考試指南

# Yang-Chih B

# 丙級美容師

自中華民國八十年度起，勞委會職業訓練局開辦全省美容丙級技術士證照檢定至今已邁入第七個年頭，其主旨：即是要求所有從事美容相關行業者的美容從業人員（美容師）在接觸顧客皮膚前都必須擁有最基本的「丙級證照」。

　　美容從業人員擁有丙級証照的好處：

☆保護自身的立場，避免與顧客產生不必要之糾紛。

☆從事美容行業的基本條件

☆塑立個人的專業形象。

☆開業的必要條件。

　　本書是專為參與美容丙級學科考試所設計的書籍，內容包含：理論方面；是非、選擇測試題。

ook Co., Ltd

揚智文化事業股份有限公司
Yang-Chih Book Co., Ltd.

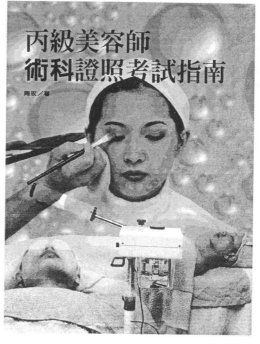

丙級美容師**學科**證照考試指南（平裝）
定價：400元

丙級美容師**術科**證照考試指南（精裝）
定價：600元

　　理論方面──包含皮膚學、化妝工具及運用、重點化妝的技巧、物理消毒、化學消毒、化妝品辨識、傳染病及急救等。

　　測試題1000題──內含是非500題與選擇500題，並附有正確答案及說明。

　　內容所描述的皮膚保健程序、化妝基本運用法、消毒法的認識與運用、傳染病的預防與急救的正確方法，對於有心學習美容此行業者，是一大福音，祇要妳能詳讀美容丙級學科檢定指南的內容；相信此書對於將來要參加美容丙級學科檢定考試者的幫助是絕不容忽視的，甚至將來要參加美容乙級檢定考試時，此書所描述的內容更是每位美容從業人員本身應具備有的<基本知識>。

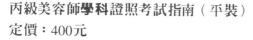

揚智文化事業股份有限公司
Yang-Chih Book Co., Ltd.